中国海岸带研究丛书

中国典型潮间带表层沉积物物源分区及其质量现状

夏　鹏　丰爱平　赵蒙维　等　著

科学出版社

北　京

内 容 简 介

  本书是我国 14 个典型潮间带表层沉积物物源分区及其质量现状方面的专著,分洪季和枯季两次采集表层沉积物样品,详细探究了潮间带沉积物的元素地球化学特征、污染物含量、物源分区及其质量现状。全书共10 章,分别为绪论、材料与方法、底质特征、元素地球化学特征、碳氮磷特征、重金属元素特征、有机污染物特征、物源分区、质量现状评价、结论与建议。本书不仅可以为了解我国典型潮间带自然环境特征和人类活动对其影响程度提供基础数据与资料,还可以为潮间带生态环境保护及可持续利用等提供科学依据。

  本书可供从事潮间带研究与教学工作的海洋环境科学、环境地球化学、元素地球化学、海洋地质等相关学科科研人员及高等院校师生阅读与参考。

审图号: GS 京(2022)0259 号

图书在版编目(CIP)数据

中国典型潮间带表层沉积物物源分区及其质量现状/夏鹏等著. —北京:科学出版社,2022.6

  (中国海岸带研究丛书)

  ISBN 978-7-03-070716-1

  Ⅰ. ①中… Ⅱ. ①夏… Ⅲ. ①潮间带–海洋沉积物–表层沉积物–研究–中国 Ⅳ. ① P736.21

  中国版本图书馆 CIP 数据核字(2021)第 238141 号

责任编辑:朱 瑾 习慧丽/责任校对:宁辉彩
责任印制:吴兆东/封面设计:刘新新

科 学 出 版 社 出版

北京东黄城根北街 16 号
邮政编码:100717
http://www.sciencep.com

北京捷迅佳彩印刷有限公司 印刷
科学出版社发行 各地新华书店经销

*

2022 年 6 月第 一 版   开本:720×1000 1/16
2022 年 6 月第一次印刷   印张:15 1/2
字数:320 000

定价:228.00 元
(如有印装质量问题,我社负责调换)

《中国典型潮间带表层沉积物物源分区及其质量现状》著者名单

主要著者： 夏　鹏　丰爱平　赵蒙维

其他著者（按姓氏笔画为序排列）：

王东启　王晨晨　吕　敏　刘　森

李金花　陈　杰　陈令新　罗献恩

侯国华　高茂生　潘大为

丛 书 序

海岸带是地球表层动态而复杂的陆-海过渡带,具有独特的陆、海属性,承受着强烈的陆海相互作用。广义上,海岸带是以海岸线为基准向陆、海两个方向辐射延伸的广阔地带,包括沿海平原、滨海湿地、河口三角洲、潮间带、水下岸坡、浅海大陆架等。海岸带也是人口密集、交通频繁、文化繁荣和经济发达的地区,因而其又是人文-自然复合的社会-生态系统。全球有 40 余万千米海岸线,一半以上的人口生活在沿海 60km 的范围内,人口在 250 万以上的城市有 2/3 位于海岸带的潮汐河口附近。我国大陆及海岛海岸线总长约为 3.2 万 km,跨越热带、亚热带、温带三大气候带;11 个沿海省(自治区、直辖市)的面积约占全国陆地国土面积的 13%,集中了全国 50% 以上的大城市、40% 的中小城市、42% 的人口和 60% 以上的国内生产总值,新兴海洋经济还在快速增长。21 世纪以来,我国在沿海地区部署了近 20 个战略性国家发展规划,现在的海岸带既是国家经济发展的支柱区域,又是区域社会发展的"黄金地带"。在国家"一带一路"倡议和习近平生态文明建设战略部署下,海岸带作为第一海洋经济区,成为拉动我国经济社会发展的新引擎。

然而,随着人类高强度的活动和气候变化,我国乃至世界海岸带面临着自然岸线缩短、泥沙输入减少、营养盐增加、污染加剧、海平面上升、强风暴潮增多、围填海频发和渔业资源萎缩等严重问题,越来越多的海岸带生态系统产品和服务呈现不可持续的趋势,甚至出现生态、环境灾害。海岸带已是自然生态环境与经济社会可持续发展的关键带。

海岸带既是深受相连陆地作用的海洋部分,又是深受相连海洋作用的陆地部分。海岸动力学、海域空间规划和海岸管理等已超越传统地理学的范畴,海岸工程、海岸土地利用规划与管理、海岸水文生态、海岸社会学和海岸文化等也已超越传统海洋学的范畴。当今人类社会急需深入认识海岸带结构、组成、性质及功能,以及陆海相互作用过程、机制、效应及其与人类活动和气候变化的关系,创新工程技术和管理政策,发展海岸科学,支持可持续发展。目前,如何通过科学创新和技术发明,更好地认识、预测和应对气候、环境与人文的变化对海岸带的冲击,管控海岸带风险,增强其可持续性,提高其恢复力,已成为我国乃至全球未来地球海岸科学与可持续发展的重大研究课题。近年来,国际上设立的"未来地球海岸(Future Earth-Coasts,FEC)"计划,以及我国成立的"中国未来海洋联合会""中国海洋工程咨询协会海岸科学与工程分会""中国太平洋学会海岸管理科学分会"等，充分反映了这种迫切需求。

"中国海岸带研究丛书"正是在认识海岸带自然规律和支持可持续发展的需求下应运而生的。该丛书邀请了包括中国科学院、教育部、自然资源部、生态环境部、农业农村部、交通运输部等系统及企业界在内的数十位知名海岸带研究专家、学者、管理者和企业家，他们基于多年的科学技术部、国家自然科学基金委员会、自然资源部项目及国际合作项目等的研究进展、工程技术实践和旅游文化教育经验，组织撰写丛书分册。分册涵盖海岸带的自然科学、社会科学和社会-生态交叉学科，涉及海岸带地理、土壤、地质、生态、环境、资源、生物、灾害、信息、工程、经济、文化、管理等多个学科领域，旨在持续向国内外系统性展示我国科学家、工程师和管理者在海岸带与可持续发展研究方面的新成果，包括新数据、新图集、新理论、新方法、新技术、新平台、新规定和新策略。出版"中国海岸带研究丛书"在我国尚属首次。无疑，这不但可以增进科技交流与合作，促进我国及全球海岸科学、技术和管理的研究与发展，而且必将为我国乃至世界海岸带的保护、利用和改良提供科技支撑与重要参考。

中国科学院院士、厦门大学教授

2017 年 2 月于厦门

前　言

　　潮间带是陆地与海洋相互作用最强烈的地带，对人类具有重要的生态和经济价值。潮间带沉积物是生物栖息及陆海物质交换、污染物受纳与自净的重要载体，其质量状况事关海岸带环境安全、生态安全和食品安全。近年来，我国沿海高强度的水产养殖、围填海和陆源污染物排放使潮间带沉积物环境质量日益恶化，而对于我国典型潮间带沉积物的理化性质和环境地球化学特征等尚未开展系统性调查研究工作，以致我国典型潮间带沉积物质量现状不详。

　　随着《"一带一路"生态环境保护合作规划》的出台，以生态文明和绿色发展理念引领"一带一路"建设，作为海上丝绸之路起点的潮间带则被赋予更多的历史使命和责任。查明潮间带沉积物质量现状，可为掌握我国典型潮间带环境自然特征和人类活动对其影响程度提供基础数据与资料。这些基础数据的掌握，可为国家近岸环境基准与标准制定、环境容量估算、污染源与排放总量控制及海岸环境管理决策提供重要数据基础，进而为潮间带环境保护、海产品安全保障及生物资源可持续利用提供科学依据。

　　我国潮间带总面积 217.04 万 hm^2，是开发海洋、发展海洋产业的一笔宝贵财富。而 21 世纪初的"908 专项"中的海岸带调查数据和资料已经不能真实反映当下日新月异的潮间带沉积物质量现状。为此，在科技基础性工作专项"我国典型潮间带沉积物本底及质量调查与图集编研"（2014FY210600）的支持下，我们系统开展了"我国典型潮间带沉积物质量现状"调查研究，实现了我国潮间带沉积物质量现状方面资料和数据的全面更新。

　　根据我国潮间带沉积物类型、发育特点、分布区域及人类社会经济活动对其影响程度，我们在沿海岸线自北向南依次选定 14 个典型潮间带区域：辽宁大辽河口、河北北戴河、天津汉沽、山东黄河口、烟台四十里湾、青岛大沽河口、江苏苏北盐城浅滩、上海长江口崇明东滩、浙江慈溪杭州湾南岸、福建福州闽江口、厦门九龙江口、广东珠江口、广西英罗湾、海南东寨港，分洪季和枯季开展表层沉积物调查与采样工作。通过分析沉积物的粒度、矿物分布、理化指标，以及常量元素和微量元素、稀土元素、富营养物质（总有机碳、总氮、总磷）、重金属元素（Cu、Pb、Zn、Cd、Cr、Hg、As[①]）、有机污染物（多环芳烃、有机氯农药、多溴联苯醚）等含量，进而开展我国潮间带表层沉积物物源分区及其质量现状评

---

　　① As（砷）为非金属，鉴于其化合物具有金属性，本书将其归入重金属一并讨论。

价工作。

本书撰写分工如下：前言，夏鹏（自然资源部第一海洋研究所）；第1章，夏鹏（自然资源部第一海洋研究所）、丰爱平（自然资源部海岛研究中心）；第2章，赵蒙维（自然资源部第一海洋研究所）、丰爱平（自然资源部海岛研究中心）；第3章，高茂生（中国地质调查局青岛海洋地质研究所）、侯国华（中国地质调查局青岛海洋地质研究所）、刘森（中国地质调查局青岛海洋地质研究所）；第4章，夏鹏（自然资源部第一海洋研究所）、赵蒙维（自然资源部第一海洋研究所）；第5章，王东启（华东师范大学）、陈杰（华东师范大学）；第6章，潘大为（中国科学院烟台海岸带研究所）、赵蒙维（自然资源部第一海洋研究所）、王晨晨（中国科学院烟台海岸带研究所）；第7章，陈令新（中国科学院烟台海岸带研究所）、李金花（中国科学院烟台海岸带研究所）、吕敏（中国科学院烟台海岸带研究所）；第8章，夏鹏（自然资源部第一海洋研究所）、罗献恩（自然资源部第一海洋研究所）；第9章，赵蒙维（自然资源部第一海洋研究所）、夏鹏（自然资源部第一海洋研究所）；第10章，夏鹏（自然资源部第一海洋研究所）、丰爱平（自然资源部海岛研究中心）。

本书在编撰过程中得到了以苏纪兰院士为首的专家组、项目首席刘东艳教授及项目组成员的大力指导，在此一并表示感谢。受著者能力及学术水平所限，本书的疏漏与不足之处在所难免，恳请广大读者批评指正。

2021 年 12 月

目 录

第 1 章

绪　论

1.1　研究目的及意义

潮间带是陆海相互作用的重要地带，这里发生着复杂的物理、化学、生物和地质过程，是陆海相互作用研究的理想区域。同时，这里也是人类活动最为活跃的区域，是人类活动产生的重金属等污染物质的重要聚积区。河流入海泥沙对潮间带地区沉积物的组成、分布及地球化学特征有着显著的影响，这一从"源"到"汇"的过程是全球尺度下物质输送的重要环节之一。大河影响下潮间带沉积物的地球化学特征是当前海洋沉积学研究的重要课题之一，同时也是国际地圈-生物圈计划（IGBP）中海岸带陆海相互作用（LOICZ）研究计划的重要研究内容（Milly et al.，2005；Nilsson et al.，2005；骆永明，2016）。

随着经济、社会的快速发展，人类活动对潮间带地区的影响也日益严重，其中污染物质的排放是当前研究的焦点之一。特别是工业革命以来，人类向全球排放的重金属总量急剧增加（Boutron et al.，1991；Nriagu，1998；Atkinson et al.，2007），重金属等人类活动产生的污染物质经河流、大气、排污口等通过潮间带区域后输送入海，埋藏在近岸沉积物中。潮间带沉积物中的重金属既可以直接影响水体的环境质量，又能通过食物链富集、累积，进而影响人类自身的健康与社会的发展。因此，对潮间带沉积物质量的研究与控制具有特殊意义（Gobeil et al.，1998；René et al.，2006；Natalia et al.，2007；汪玉娟等，2009）。

相比陆地区域，我国的近岸海洋基础调查工作普遍落后于发达海洋国家。作为人类活动排放污染物质的重点汇集区，潮间带的沉积物质量常作为评价近岸海域环境污染的重要参考指标（Bird，2011；Yuan et al.，2012）。近年来，国内外学者对河口及海湾等近岸区域沉积物中的污染物开展了大量的研究工作，以期查明其含量水平和污染状况，并探寻其主要来源和搬运形式（Emmerson et al.，1997；Goldberg et al.，1997；Roussiez et al.，2005；Osher et al.，2006；盛菊江等，2008；Xu et al.，2009a；胡宁静等，2010；王文雄，2012；刘金铃等，2013），但是目前针对潮间带沉积物的质量现状研究还都处于零星状态，难以系统反映潮间带沉积物质量现状，这制约了对潮间带的有效保护、环境整治和可持续开发。

1.2　研究范围和内容

1.2.1　研究范围

根据我国潮间带沉积物类型、发育特点、分布区域及人类社会经济活动的影响程度，选择 14 个典型潮间带区域：辽宁大辽河口、河北北戴河、天津汉沽、山东黄河口、烟台四十里湾、青岛大沽河口、江苏苏北盐城浅滩、上海长江口崇明东滩、浙江慈溪杭州湾南岸、福建福州闽江口、厦门九龙江口、广东珠江口、广西英罗湾、海南东寨港（图 1.1，表 1.1）。

图 1.1　我国 14 个典型潮间带表层沉积物研究区示意图

表 1.1　研究区域概况

调查点位代码	区域名称	中心坐标	海岸类型	调查点位代码	区域名称	中心坐标	海岸类型
A1	辽宁大辽河口（LH）	40.609 547°N，122.139 225°E	海湾型	A8	上海长江口崇明东滩（DT）	31.495 583°N，121.982 650°E	河口型
A2	河北北戴河（BDH）	39.887 158°N，119.532 242°E	开敞平直型	A9	浙江慈溪杭州湾南岸（CX）	30.316 650°N，121.406 783°E	海湾型
A3	天津汉沽（HG）	39.214 011°N，117.951 119°E	海湾型	A10	福建福州闽江口（FZ）	26.031 906°N，119.631 481°E	河口型
A4	山东黄河口（DY）	37.422 742°N，118.929 856°E	河口型	A11	厦门九龙江口（JL）	24.405 056°N，117.950 046°E	河口型
A5	烟台四十里湾（YT）	37.466 619°N，121.471 594°E	开敞平直型	A12	广东珠江口（ZJ）	22.439 424°N，113.652 790°E	河口型
A6	青岛大沽河口（QD）	36.202 911°N，120.172 142°E	海湾型	A13	广西英罗湾（YL）	21.483 695°N，109.757 317°E	海湾型
A7	江苏苏北盐城浅滩（YC）	33.283 447°N，120.773 272°E	开敞平直型	A14	海南东寨港（DZ）	20.003 657°N，110.606 484°E	海湾型

研究区北起辽宁大辽河口，南至海南东寨港，遍布我国东部近岸区域；在渤海、黄海、东海、南海 4 个海区都有分布，这为研究我国典型潮间带沉积物物源和质量现状提供了理想选区。此外，研究区涵盖了河口型、海湾型和开敞平直型等主要海岸类型（表 1.1）：①河口型海岸，河流挟带大量陆源碎屑物质和污染物入海，对潮间带沉积物组成和来源起控制作用；②海湾型和开敞平直型海岸，其物质组成受邻近陆域母岩和海洋水动力携带外来物质的共同影响。

研究区主要入海河流特征情况详见表 1.2。

表 1.2　研究区主要入海河流特征情况

河流名称	年均径流量（$\times 10^8 \mathrm{m}^3$）	年均输沙量（$\times 10^4$ t）
辽河	39.51	1002.1
滦河	46.51	1739
海河	60.2	428
黄河	574	10.49
长江	9795	4.18
闽江	624	728
九龙江	927	224
珠江	3491	0.83

注：引自《中国区域海洋学——海洋地质学》（李家彪，2012）

1.2.2　研究内容

通过对我国 14 个典型潮间带表层沉积物样品的粒度、矿物分布、理化指标，以及常量元素和微量元素、稀土元素、富营养物质（总有机碳、总氮、总磷）、重金属元素和有机污染物等含量进行调查，开展潮间带表层沉积物物源分区研究，并查清表层沉积物质量现状及其空间分布特征，为掌握典型潮间带环境特征、人类活动对潮间带沉积物的影响提供基础数据与资料，为潮间带环境保护、生物资源可持续利用提供科学依据。

1.3　研究任务分工

根据研究内容，结合各单位研究技术力量和资质，由自然资源部第一海洋研究所（简称"海洋一所"）牵头，协作单位包括中国科学院烟台海岸带研究所（简称"海岸带所"）、中国地质调查局青岛海洋地质研究所（简称"海地所"）和华东师范大学（简称"华师大"）。

具体任务分工如表 1.3 所示。

表 1.3 调查任务和室内分析任务详细分工

单位	调查任务	室内分析任务
自然资源部第一海洋研究所	辽宁大辽河口、天津汉沽、河北北戴河和江苏苏北盐城浅滩表层沉积物调查	负责所有样品重金属元素（Cu、Pb、Zn、Cd、Cr）、常量元素和微量元素、碳酸钙的测定，以及辽宁大辽河口、河北北戴河和天津汉沽样品粒度、pH、氧化还原电位（Eh）、硫化物的测定
中国科学院烟台海岸带研究所	福建福州闽江口、厦门九龙江口、广东珠江口、广西英罗湾和海南东寨港表层沉积物调查	负责所有样品持久性有机污染物、重金属元素（Hg、As）测定，以及福建福州闽江口、厦门九龙江口、广东珠江口、广西英罗湾和海南东寨港样品粒度、pH、Eh、硫化物的测定
中国地质调查局青岛海洋地质研究所	山东黄河口、烟台四十里湾、青岛大沽河口表层沉积物调查	负责所有样品矿物、稀土元素的测定，以及山东黄河口、烟台四十里湾、青岛大沽河口样品粒度、pH、Eh、硫化物的测定
华东师范大学	上海长江口崇明东滩和浙江慈溪杭州湾南岸表层沉积物调查	负责所有样品总有机碳、总氮、总磷的测定，以及上海长江口崇明东滩和浙江慈溪杭州湾南岸粒度、pH、Eh、硫化物的测定

1.4 研究区域概况

1.4.1 区域气候特征

研究区域地处我国东部沿海区域，南北跨 6 个气候带，气候类型多样。总体而言，研究区域的气候具有如下特征。

1）气候条件优越，资源丰富。研究区域位于中、低纬度地区，在亚热带和热带的岸段达到 60%。占主导地位的为季风性气候，故而雨量充沛。因为雨热同季，故而光、水、热等资源丰富。

2）季风性气候特点显著。冬季，冷高压盘踞亚洲大陆，研究区域盛行高压前部的偏北风，在冬季风的影响下，大部分区域较寒冷、干燥，只有闽南及其以南的区域仍温暖如春。夏季，受热带海洋的夏季风影响，天气湿热多雨，南北温差小。

3）过渡性气候特征明显。研究区域处于欧亚大陆与太平洋的交界地带，海陆两种截然不同的下垫面共同影响其气候，因此研究区域既有海洋性又有大陆性的过渡性和混合性特点。

4）灾害性天气比较频繁。受季风影响，降水量空间分布和季节分配不均匀，年变化率较大，易发旱涝灾害。大部分潮间带位于中纬度南北气流交汇地带，来自陆上和海上的灾害性天气系统活动频繁，如寒潮、热带气旋、冰雹和海雾等灾害性天气时有发生。

各区域气候要素见表 1.4。

表 1.4　各区域气候要素表

区域名称	年平均气温（℃）	年降水量（mm/a）	年平均风速（m/s）
渤海海区	9～11	550～1000	约 3.5
黄海海区	9～15	600～1200	3.9～7.4
东海海区	16～22	1000～1700	2.4～8.2
南海海区	23～25	1600 以上	2.7～7.1

注：数据引自 1991 年《中国海岸带和海涂资源综合调查报告》

1.4.2　区域地质特征

根据张训华等（2008）的研究，我国近岸海域从构造单元上属于东亚大陆构造域的中朝地块、扬子地块和华南地块。就具体区域而言，辽宁大辽河口、天津汉沽、山东黄河口、青岛大沽河口属于中朝地块，扬子地块主要包括江苏苏北盐城浅滩和上海长江口崇明东滩，其他研究区域都属于华南地块。主要构造运动包括渤海海区的印支运动、燕山运动、东营运动等，黄海海区的仪征运动、吴堡运动、三垛运动、凡川运动等，东海海区的基隆运动、雁荡运动、瓯江运动、玉泉运动、龙井运动等，南海海区的神狐运动、西卫运动、南海运动等。

我国近岸海域的岩浆岩活动以侵入活动为主。渤海海区的岩浆岩从晚始新世岩浆岩至新近纪岩浆岩都有分布，渐新世中晚期岩浆活动最为活跃，岩性包括玄武岩、安山岩和凝灰岩等。黄海海区的岩浆岩从太古宙岩浆岩至喜马拉雅期岩浆岩都有分布，时间上主要集中在燕山期，岩浆活动南部较北部发育。东海海区的岩浆岩从加里东期岩浆岩至喜马拉雅期岩浆岩都有分布，燕山期和喜马拉雅期活动较为活跃，岩性包括安山岩、花岗闪长岩、花岗岩等。南海海区的岩浆岩从前寒武纪岩浆岩至喜马拉雅期岩浆岩都有分布，区域发育有燕山期和喜马拉雅期岩浆活动，以燕山期岩浆岩分布最为广泛。

渤海盆地系发育在华北地台基底之上的中新生代裂谷断陷盆地，以新生代沉积为主，第四系地层分布稳定，一般厚度为 300～400 m。该盆地受到各水系搬运泥沙的影响，形成向海域中心逐渐加厚的趋势。黄海海区发育有北黄海海盆、南黄海海盆等。南黄海第四系为东台群，分布广泛，厚度为 150～350 m，主要由灰色、灰白色粉砂质黏土、黏土质粉砂、细砂组成，为海陆交互相沉积。东海海区主要分布在东海陆架盆地，第四系主要为松散海相沉积物，岩性主要为浅灰色粉砂质黏土和粉砂。南海沉积区的地层从前寒武系到第四系都有发育，近岸第四系以珠江口盆地的灰色黏土为主。就本研究而言，构造单元和构造运动决定了研究区域的沉积环境，岩浆岩和第四系地层决定了研究区域的沉积物组成。

1.4.3 开发利用情况

研究区域地处我国东部沿海地区，区位优势明显，自古以来该区域开发利用活动从未间断，特别是近几十年开发利用活动显著加强，主要体现在以下几个方面。

（1）港口资源开发利用

为满足社会发展、经济建设的需要，研究区域港口资源的开发利用快速发展。1952 年，大连、青岛、上海、广州等 13 个港口的货物吞吐量仅为 1440 万 t。21 世纪初，我国港口码头泊位增加到 2238 个（其中万吨级码头 650 个），货物吞吐量 20 126 万 t，较 20 世纪 50 年代增加十余倍。此类利用活动在各研究区域周边都有开展。

（2）水产资源开发利用

中华人民共和国成立后，我国近海水产捕捞业很快发展起来。1952 年捕捞量为 100 万 t，1957 年达到 182 万 t，由于过度捕捞，20 世纪 60 年代捕捞量逐年降低。为满足需求，进入 70 年代后涉及潮间带区域的近岸养殖迅速发展起来，养殖面积逐年增大，2000 年养殖面积达到 $2.31 \times 10^4 \ km^2$。养殖业在一些海湾型的研究区域规模较大，但面积规模处于逐渐调整的阶段。

（3）海水化学资源开发利用

海盐占全国盐总产量的 3/4 以上。在鸭绿江、辽河、海河、黄河、灌河、长江、钱塘江、瓯江、闽江、九龙江、珠江、南流江等河口区造就了广阔的宜盐滩涂。因此，沿海区域的盐化工产业方兴未艾，2003 年原盐产量为 2204.64 万 t，氯化钾产量为 4.11 万 t，氯化镁产量为 52.38 万 t，无水硫酸钠产量为 0.28 万 t，硫酸钾产量为 2.14 万 t。除了海南东寨港，其他研究区域都或多或少存在海水化学资源的利用。

（4）旅游资源开发利用

20 世纪 80 年代，伴随海、陆、空客运条件迅速改善，滨海地区兴建了一系列旅馆、酒店、商业网点、海水浴场、海上运动场等旅游设施，滨海旅游业逐渐发展起来。近年来，伴随人们收入的提高，滨海旅游人数和收入屡创新高。2018 年，滨海旅游人数达 9836 万人，收入达 14 636 亿元。滨海旅游资源开发利用正在各个研究区域逐渐增强。

（5）能源矿产开发利用

研究区域的油气资源开发始于 20 世纪 60 年代初期。1962 年在黄河三角洲打成日产 555t 的高产油井。1964 年，海河口地区的大港油田开始开发。1970 年辽河油田也投入油气生产。这类利用主要分布在辽宁大辽河口和山东黄河口。

1.4.4　海洋污染情况

区域资源开发利用高速发展的同时，也给潮间带区域的环境带来污染。根据《2016 年中国海洋环境状况公报》，我国海洋环境质量状况基本稳定，符合第一类海水水质标准的海域面积占管辖海域面积的 95%，比 2015 年有所增加，海洋生态环境状况有所好转。近岸海域海水环境质量比 2015 年有所好转。2017 年 1～6 月，中国近岸海域的海水环境污染依然严重，这对研究区域的环境也造成了一定的影响。

陆源污染物是造成近岸海域环境污染的主要原因，对研究区域沉积物质量影响显著。陆源污染物入海途径主要有河流、对海排污口。

1）河流排污：根据《海洋环境信息》第 28 期（2017 年），2017 年 1～6 月对 121 条河流入海断面水质监测评价的结果表明，入海监测断面水质为第二类、第三类、第四类、第五类和劣于第五类地表水水质标准的河流分别为 1.3%、6.6%、18.9%、13.6% 和 59.6%。劣于第五类地表水水质标准的污染要素主要为化学需氧量、总磷、氨氮及石油类。如图 1.2a 所示，渤海、黄海、东海、南海各海区随河流入海污染物总量分别为 65 万 t、68 万 t、1220 万 t、265 万 t，每年大量重金属污染以此种途径进入海洋。

2）对海排污口排污：2017 年 3 月和 5 月分别对 304 个和 209 个陆源污染入海排污口进行了监测，入海排污口超标排放率分别为 52.0% 和 49.0%。如图 1.2b 所示，3 月不同入海排污口的超标率从高到低依次为排污河流（57.6%）、市政

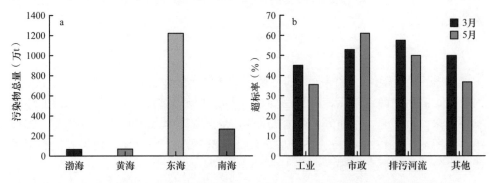

图 1.2　2017 年各海区河流入海污染物总量（a）和 3 月、5 月各类型入海排污口超标率（b）

（52.9%）、其他（50.0%）、工业（45.0%）；5 月不同入海排污口的超标率从高到低依次为市政（61.0%）、排污河流（50.0%）、其他（36.8%）、工业（35.5%）。

表 1.5 给出了 2017 年 3 月、5 月部分省（自治区、直辖市）的入海排污口超标率，这些超标排放严重影响研究区域沉积物的环境质量。

表 1.5　2017 年 3 月和 5 月部分省（自治区、直辖市）的入海排污口超标率

省（自治区、直辖市）	超标排污口数（个）		未超标排污口数（个）		监测排污口总数（个）		超标排放率（%）	
	3 月	5 月	3 月	5 月	3 月	5 月	3 月	5 月
辽宁	45	30	28	35	73	65	61.6	46.2
天津	12	12			12	12	100	100
河北	9	9	14	16	23	25	39.1	36.0
山东	18	25	20	20	38	45	47.4	55.6
江苏	3	4	1		4	4	75.0	100
上海	4		16		20		20.0	
浙江	12	2	16	9	28	11	42.9	18.2
福建	8		6		14		57.1	
广东	31	28	41	43	72	71	43.1	39.4
广西	16	9	4	1	20	10	80.0	90.0
合计	158	119	146	124	304	243	52.0	49.0

注：数据主要引自《中国海洋发展报告（2018）》

另外，海洋垃圾近年也成为海洋污染的重要源头。2016 年，国家海洋局对 45 个区域的海洋垃圾监测显示，中国近岸海洋垃圾污染主要来自陆地活动，以塑料垃圾为主，是全球污染最严重的区域之一，海洋漂浮垃圾平均 2200 个/km^2 以上。

第 2 章

材料与方法

2.1 野外调查与样品采集及测试工作

2.1.1 野外调查与样品采集

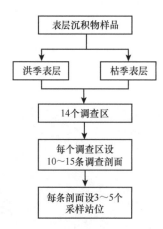

图 2.1 典型潮间带样品采集
实施方案

野外调查与样品采集实施步骤如下。

1）野外调查方法和技术指标：野外调查主要依据《海洋监测规范 第 3 部分：样品采集、贮存与运输》（GB 17378.3—2007）和《海洋监测规范 第 5 部分：沉积物分析》（GB 17378.5—2007）中的沉积物调查部分规定。样品采集、运输、保存和测定的过程，均严格按照《海洋调查规范 第 1 部分：总则》（GB/T 12763.1—2007）等的相关要求和规定进行。

2）剖面和站位的设计：针对每个选择的典型潮间带区域，布设 10 ~ 15 条垂直海岸线的剖面，在每条剖面的高潮滩、中潮滩、低潮滩设计 3 ~ 5 个表层沉积物采样站位，对滩面较长或沉积类型变化复杂的潮滩可适当加密（图 2.1，图 2.2）。

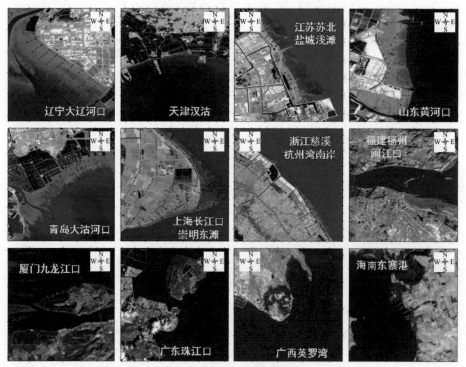

图 2.2 典型潮间带表层沉积物采样站位示意图

红点表示洪季表层沉积物取样站位

3）调查时间和频次：2014 年 9 月至 2015 年 9 月，历时一年按洪季、枯季（以洪季的 1/3 样点抽稀）的频次采集表层沉积物样品。

4）样品采集：在高潮滩、中潮滩、低潮滩采集 0 ～ 5 cm 表层沉积物样品，并以差分全球定位系统（DGPS）定位，现场记录颜色、气味、厚度、稠度、黏性等描述性指标，并测定 pH、Eh 等易变的理化指标。

2.1.2　测试工作

共完成 14 个典型潮间带 839 个采样站位表层沉积物样品采集及现场 Eh、pH 测试工作，包括洪季 621 个采样站位和枯季 218 个采样站位（表 2.1）。

表 2.1　我国 14 个典型潮间带表层沉积物样品采集和分析数量统计

区域	洪季（个）	枯季（个）	合计（个）
辽宁大辽河口	55	20	75
河北北戴河	36	12	48
天津汉沽	30	16	46
山东黄河口	45	15	60
烟台四十里湾	44	15	59
青岛大沽河口	45	15	60
江苏苏北盐城浅滩	55	20	75
上海长江口崇明东滩	44	16	60
浙江慈溪杭州湾南岸	45	15	60
福建福州闽江口	44	14	58
厦门九龙江口	43	15	58
广东珠江口	45	15	60
广西英罗湾	45	15	60
海南东寨港	45	15	60
合计	621	218	839

沉积物样品的分析测试指标包括：粒度、pH、Eh、常量元素和微量元素、稀土元素、碳酸钙、硫化物、富营养物质（总有机碳、总氮、总磷）、重金属元素（Cu、Pb、Zn、Cd、Cr、Hg、As）和有机污染物（多环芳烃、有机氯农药、多溴联苯醚）、矿物等，具体分析测试指标及其测试量详见表 2.2。

表 2.2 我国 14 个典型潮间带表层沉积物分析测试指标及其测试量

分析测试指标	测试量
粒度	839
pH、Eh	799
常量元素和微量元素	839
稀土元素	839
碳酸钙	837
硫化物	821
富营养物质（总有机碳、总氮、总磷）	839
重金属元素（Cu、Pb、Zn、Cd、Cr、Hg、As）	839
有机污染物（多环芳烃、有机氯农药、多溴联苯醚）	839
矿物	200

2.2 分析测试方法

粒度和矿物、常量元素和微量元素、富营养物质、重金属元素、有机污染物（多环芳烃、有机氯农药）等含量的分析方法参照《海洋监测规范 第 5 部分：沉积物分析》（GB 17378.5—2007），多溴联苯醚的分析方法参照美国环境保护署（EPA）标准方法，具体方法或所用仪器如下。

pH：便携式 pH 计。

Eh：便携式 pH 计（饱和甘汞电极）。

硫化物：亚甲基蓝分光光度计法。

粒度：激光粒度分析仪/筛析法。

碎屑矿物：双目实体镜+偏光显微镜。

黏土矿物：X 射线衍射分析。

常量元素：电感耦合等离子体发射光谱仪（ICP-OES）。

微量元素：电感耦合等离子体质谱仪（ICP-MS）。

稀土元素：ICP-MS。

Cu、Pb、Zn、Cd、Cr：ICP-MS。

Hg、As：原子荧光法。

总有机碳、总氮：元素分析仪。

总磷：钼锑抗分光光度法。

有机污染物：Thermo Trace 1310-TSQ 8000 气相色谱-双质谱联用仪（GC-MS/MS）。

2.2.1　pH 和 Eh 测试

采用雷磁 PHB-4 型便携式 pH 计（配 E-201F pH 复合电极和 501 ORP 复合电极）分别测试沉积物的 pH 和 Eh。在测试 pH 前，使用标准缓冲液对仪器进行标定；重复测试，两次读数误差不应超过 0.1。在 Eh 测定前，用醌氢醌（$C_{12}H_{10}O_4$）饱和缓冲液标定；重复测试，测定值与理论值（25℃时为+221 mV）之差应小于 5 mV。

将标定好的便携式 pH 和 Eh 探头插入沉积物中，待读数稳定后记录。

2.2.2　硫化物测试

试剂及其配制流程如下。

1）乙酸锌溶液（200 g/L）：称取 15 g 乙酸锌［$Zn(CH_3COO)_2·2H_2O$］，加水溶解并稀释至 75 mL，混匀。

2）NaOH 溶液（2 mol/L）：称取 34 g NaOH，加水溶解并稀释至 425 mL，混匀。

3）3% 碱性乙酸锌溶液：将 75 mL 的 200 g/L 乙酸锌溶液缓慢加入 425 mL 的 2 mol/L NaOH 溶液中，混匀（在加入的过程中，用玻璃棒不断搅拌，防止形成沉淀）。通氮气 1h，除去溶液中的氧气。

4）HCl 溶液（1 mol/L）：量取 42 mL 浓盐酸，加水稀释至 500 mL，混匀后通氮气 1 h，除去溶液中的氧气。

5）硫酸铁铵溶液（125 g/L）：称取 25 g 硫酸铁铵［$NH_4Fe(SO_4)_2·12H_2O$］于 250 mL 烧杯中，加水 100 mL、浓硫酸 5 mL，稍加热溶解，加水至 200 mL，混匀，盛于棕色试剂瓶中，置于冰箱中保存。

6）对氨基二甲基苯胺二盐酸溶液（1 g/L）：称取 1 g 对氨基二甲基苯胺二盐酸，冷却后，加水至 1 L，混匀，盛于棕色试剂瓶中，置于冰箱中保存。

样品的测定方法如下。

1）将待测沉积物湿样用玻璃棒充分搅拌均匀，称取 3 g 于 500 mL 塑料容器中，同时将装有 10 mL 的 3% 碱性乙酸锌溶液吸收瓶置于塑料容器中。

2）将塑料容器通氮气约 5 min，加入 50 mL 的 1 mol/L HCl 溶液，盖紧瓶盖，并密封瓶口，将沉积物与 HCl 溶液混匀后，静置塑料瓶 17 h 以上。

3）打开塑料瓶瓶盖，取出吸收瓶，在吸收瓶中加入 5 mL 的 1 g/L 对氨基二甲基苯胺二盐酸溶液和 1 mL 的 125 g/L 硫酸铁铵溶液，充分混匀，静置 10 min，将溶液于分光光度计（VIS-723N）650 nm 波长处测定吸光度。

2.2.3 粒度测试

粒度分析的仪器为英国马尔文（Malvern）公司生产的 Mastersizer 3000 型激光粒度分析仪，该仪器测量范围为 0.02 ～ 3500 μm，分辨率为 0.01Φ，重复测量相对误差应小于 3%。样品的处理和测试过程如下。

1）取样：取样之前首先将样品混合均匀，使其有代表性，然后根据样品颗粒大小取适量样品。黏土质粉砂或粉砂质黏土等细粒沉积物取样量一般为 0.1 ～ 0.2 g，以粉砂和细砂为主的沉积物取样量一般为 0.3 ～ 0.4 g，以中粗砂为主的沉积物取样量一般为 0.5 ～ 0.6 g。将样品放入洗净的烧杯中待处理。

2）去除有机质：沉积物中的有机质主要以有机碳的形式存在，故需用过氧化氢（H_2O_2）去除。在有样品的烧杯中加入 30% 的过氧化氢 15 mL，反应 24 h，气泡不再产生说明有机质已全部氧化，若仍有气泡产生需再加入适量过氧化氢，直到反应完毕。

3）去除钙胶结物（$CaCO_3$）：用量筒吸取 3 mol/L 的 HCl 溶液 5 mL，注入烧杯，反应 24 h。其后逐个仔细观察，以样品不冒泡、肉眼见不到贝壳碎片为宜。对于贝壳未能完全去除的样品，继续加入 3 mol/L 的 HCl 溶液 5 mL，再次反应 24 h。重复这个步骤，直至样品中贝壳被完全去除。

4）洗盐：将经去除有机质和去除钙胶结物处理后的样品转移至离心管中，在离心管中加入少量去离子水并在天平上称量，使放入离心机中的离心管平衡，然后将离心管放入离心机，盖上离心机盖，启动离心机进行离心。离心后将离心管中的上层清液倒掉，然后重复一次稀释、离心的过程，一批样品须经过三次离心，方可满足洗盐的要求。

5）质量控制：测试时注意尽量保持样品溶液的浓度（遮光度）在一定的测试范围之内（10% ～ 20%），最低不能低于 5%，如遮光度大于 20%，则此样品应重新制备。测试所用的激光粒度分析仪的精度保障采用标准粒子检验，每年校验一次，保证分析设备处于检定有效期内。

样品测试时的采集粒级间隔为 Φ/4，重复测试的相对误差应小于 2%。测试完成后，采用 Folk 和 Ward（1957）的公式计算各粒度参数，沉积物的命名采用谢帕德（Shepard）分类命名法（图 2.3）。

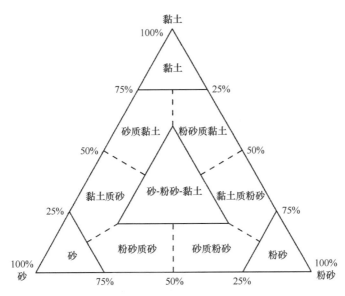

图 2.3　谢帕德沉积物三角形分类图解

粒度参数的计算公式（Folk and Ward，1957）为

平均粒径：$M_z=(\Phi_{16}+\Phi_{50}+\Phi_{84})/3$　　　　　　　　　　　　　　　　　　（2.1）

分选系数：$\sigma=(\Phi_{84}-\Phi_{16})/4+(\Phi_{95}-\Phi_5)/6.6$　　　　　　　　　　　　　　（2.2）

偏态：$S_K=(\Phi_{16}+\Phi_{84}-2\Phi_{50})/[2(\Phi_{84}-\Phi_{16})]+(\Phi_{95}+\Phi_5-2\Phi_{50})/[2(\Phi_{95}-\Phi_5)]$（2.3）

峰态：$K_G=(\Phi_{95}-\Phi_5)/[2.44(\Phi_{75}-\Phi_{25})]$　　　　　　　　　　　　　　（2.4）

（注：Φ_5、Φ_{16}、Φ_{25}、Φ_{50}、Φ_{75}、Φ_{84}、Φ_{95} 分别表示概率曲线上 5%、16%、25%、50%、75%、84%、95% 处的 Φ 值。）

2.2.4　碎屑矿物鉴定

（1）样品制备

取约 50 mL 表层沉积物于烧杯中，进行烘干和称重，得到干重 30 ～ 100 g 的沉积物。将称量干重后的沉积物用水在 0.125 mm 和 0.063 mm 套筛中直接冲洗进行筛分，获取 0.125 ～ 0.063 mm 粒级组分，将筛分后的沉积物再烘干和称重，获得鉴定样粒级（极细砂）在沉积物中的百分含量。所有样品烘干的温度均为 60℃。

将 0.125 ～ 0.063 mm 粒级干样（> 3 g）进行缩分（< 3 g 的样品不需缩分）得到重液分离实验样品；将实验样品放入重液 CHBr₃ 中（相对密度范围为 2.889 ～ 2.891）进行分离实验，矿物分离室温为 18 ～ 22℃，每 15 min 搅拌一次，共三次。静置 8 h 后，将轻矿物、重矿物分别取出，冲洗、烘干和称重，最

终获得轻碎屑矿物、重碎屑矿物鉴定样品，并计算重矿物的百分含量。结果显示：本次碎屑矿物分离实验精度高，（轻矿物质量+重矿物质量）/分离前实验样质量=0.95～1.00，样品制备过程和结果完全符合规范要求。

（2）鉴定方法

样品鉴定采用定性分析和定量分析相结合的方式，首先均匀取重矿物颗粒1000～2000个置于载玻片上，放入双目实体镜（OLYMPUS SZ61）进行仔细观察，在了解矿物的颜色、形态、条痕、磁性和表面特征的基础上，再结合油浸法+偏光显微镜（OLYMPUS BX51）晶体光学法测定透明矿物的光学性质和参数，鉴定矿物类别。对不易鉴定的疑难矿物配合微量矿物化学试验及电镜–能谱法和拉曼光谱法等辅助方法进一步定名。鉴定结果记录在碎屑矿物鉴定表中，包括矿物定名，以及描述矿物的颜色、光泽、结晶程度、大小、形态、结构构造、透明度、磨圆度、包裹体和风化程度等。

在双目镜和偏光镜下采用条带颗粒计数法进行定量分析和计算，分别对轻矿物和重矿物各数300～400个颗粒，逐一对颗粒进行鉴定。在轻矿物的定量中，将长石中的钾长石和斜长石、碳酸盐中的方解石和贝壳颗粒分开计数；在重矿物中，将风化严重、已失去原有矿物特征的组分定名为风化矿物，一并计算在重矿物的百分含量中。最后求得不同矿物颗粒的百分含量和特征矿物含量的比值。

2.2.5 黏土矿物测试

（1）黏土颗粒分离

1）将沉积物放入烧杯中，加入蒸馏水浸泡，用振动器使样品完全崩解。对于强黏样品需借助超声波处理。

2）在烧杯中继续加入蒸馏水直至液体电导率小于 50～60 μS/cm。

3）将制成的悬浮液用离心机以 2000 r/min 的速度分离 2 min，粉土颗粒最终会沉淀下来，而小于 2 μm 的颗粒仍会保留在悬浮液中。

4）将悬浮液用陶瓷过滤器过滤，去掉悬浮液中的水分，将剩余的黏土颗粒放到小碟中，在烘箱中以 50℃的温度烘干。

（2）样品制备

1）在分离出来的小于 2 μm 的样品中，称取约 1 g 放入 0.5 mol/L 氯化镁溶液中，用球状玻璃棒充分搅拌。

2）在制成的镁饱和试样中加入 5% 甘油溶液，用球状玻璃棒充分搅拌，吸尽剩余的甘油溶液。试样甘油化处理的目的是供蒙脱石类矿物与蛭石、绿泥石区分，以及水化埃洛石与伊利石区分。

3）称取 0.05 g 镁饱和试样加入 2～3 mL 蒸馏水，充分搅拌使其分散，吸出 1.5 mL 悬浮液，在洁净载玻片上均匀铺开，静置晾干，制备成定向薄膜试样。

4）将做好的载玻片放在干燥器中保留 24 h。

（3）试样 550℃热处理

试样 550℃热处理的目的是供绿泥石与高岭石及 14 Å 矿物区分。将定向薄膜放在 550℃高温炉中加热 2 h，然后冷却至 60℃左右取出，贮于盛有无水氯化钙的干燥器中，直至进行 X 射线衍射分析时取出使用。

（4）X 射线衍射分析

X 射线衍射分析仪器为波特飞利普 00186 衍射仪，由 X 射线发生器、测角仪、计数器及自动记录装置组成，实验条件和主要参数如下：①发生器为 50 kV、30 mA；②射线管阳极为铜靶（Cu Kα 辐射），波长 1.5706 Å；③步长为 0.02°；④发射时间间隔为自动；⑤扫描角度范围为 0°～32°（2θ）。

将做好的载玻片插在 X 射线衍射仪的实验台上，选定技术参数和实验条件后，启动仪器进行操作，当测角器转至所需角度 2θ 后，实验完成。

2.2.6　常量元素和微量元素测试

准确称取 50 mg 样品于聚四氟乙烯溶样内胆中，加几滴高纯水润湿后，加入 1.5 mL 高纯 HNO_3 溶液、1.5 mL 高纯 HF 溶液，摇匀，加盖使钢套密闭，放入烘箱中于 190℃分解 48 h 以上。冷却后取出溶样内胆，置于电热板上蒸干后，加入 1 mL HNO_3 溶液蒸至湿盐状，加入 3 mL 体积分数为 50% 的 HNO_3 溶液和 0.5 mL Rh（1.0 mg/kg）内标溶液，加盖使钢套密闭，放入烘箱中于 150℃分解 8 h 以上，以保证对样品的完全提取。

冷却后用去离子水定容至 50 g，待上 ICP-OES 测定常量元素。从待测溶液中取出 10 g，用去离子水稀释至 20 g，待上 ICP-MS 测定微量元素。使用的 ICP-OES 为美国赛默飞世尔，型号 Icap 6300；ICP-MS 为美国赛默飞世尔，型号 X Series Ⅱ。

每隔 10 个样品，做一个重复样及一个质量控制样品。平行进行 11 次样品空白的测定，得出方法检出限，如表 2.3 所示。Cu、Pb、Zn、Cd 和 Cr 的检出限分别为 70 μg/kg、27 μg/kg、1 mg/kg、6 μg/kg 和 2 mg/kg（表 2.3），一级标样合格率为 100%，重复样合格率为 100%。

表 2.3　常量元素和微量元素检出限测定结果

元素	检出限	单位	元素	检出限	单位
Al_2O_3	24	mg/kg	In	9	μg/kg
CaO	3	mg/kg	Cs	6	μg/kg
TFe_2O_3	5	mg/kg	Hf	80	μg/kg
K_2O	37	mg/kg	Ta	66	μg/kg
MgO	2	mg/kg	W	65	μg/kg
MnO	1	mg/kg	Tl	50	μg/kg
Na_2O	27	mg/kg	Pb	27	μg/kg
P_2O_5	48	mg/kg	Bi	50	μg/kg
TiO_2	2	mg/kg	Th	50	μg/kg
Ba	1	mg/kg	U	6	μg/kg
Cr	2	mg/kg	Sc	50	μg/kg
Sr	1	mg/kg	La	9	μg/kg
V	2	mg/kg	Ce	12	μg/kg
Zn	1	mg/kg	Pr	6	μg/kg
Zr	2	mg/kg	Nd	21	μg/kg
Li	6	μg/kg	Sm	9	μg/kg
Be	6	μg/kg	Eu	6	μg/kg
Co	30	μg/kg	Gd	9	μg/kg
Ni	45	μg/kg	Tb	6	μg/kg
Cu	70	μg/kg	Dy	6	μg/kg
Ga	12	μg/kg	Ho	6	μg/kg
Ge	15	μg/kg	Er	9	μg/kg
Rb	75	μg/kg	Tm	6	μg/kg
Nb	30	μg/kg	Yb	6	μg/kg
Mo	57	μg/kg	Lu	3	μg/kg
Cd	6	μg/kg	Y	12	μg/kg

　　用 ICP-OES 测定了 Al_2O_3、TFe_2O_3（全铁）、CaO、MgO、K_2O、Na_2O、MnO、TiO_2、P_2O_5、Ba、Sr、V、Zn、Zr，用 ICP-MS 测定了 Li、Be、Co、Cr、Ni、Cu、Ga、Ge、Rb、Nb、Mo、Cd、In、Cs、Hf、Ta、W、Tl、Pb、Bi、Th、U、Sc、Y、La、Ce、Pr、Nd、Sm、Eu、Gd、Tb、Dy、Ho、Er、Tm、Yb、Lu。

沉积物中 SiO_2 试样单独测试。用 Na_2CO_3 熔融，HCl 溶液浸取，蒸发至湿盐状，加 HCl 溶液，用动物胶凝聚硅酸，过滤，灼烧，称量。加 HF 溶液、H_2SO_4 溶液处理，以 SiF_4 的形式除去硅，再灼烧称量。处理前后质量之差为沉淀中的 SiO_2 量。残渣用焦硫酸钾熔融，用水提取，提取液并入 SiO_2 滤液中。经解聚后用钼蓝光度法测定滤液中残余的 SiO_2 量，两者之和即为试样的 SiO_2 含量。

2.2.7　Hg 和 As 元素测试

参照《海洋监测规范 第 5 部分：沉积物分析》（GB 17378.5—2007），采用原子荧光法对沉积物中的 Hg 和 As 进行分析。沉积物样品经冷冻干燥以后，用玛瑙研钵将其研碎并全部通过 160 目筛，充分混匀并放置于 4℃的冰箱中储存待测。

沉积物样品在 HNO_3-HCl 体系中，采用沸水浴消解，具体消解过程如下。

1）准确称取 0.2 g 的沉积物干样（精确至 0.0001 g），置于 50 mL 具塞比色管中，加入 2 mL HNO_3 溶液、6 mL HCl 溶液。用约 10 mL 去离子水淋洗比色管内壁后混合充分，置于沸水浴中加热 1 h（其间取出充分摇动一次）。取下冷却至室温，加水稀释至 25 mL，此为样品消化液。

2）量取 1 mL 样品消化液，加入 5 mL 1∶1 HCl 溶液及 2.5 mL 混合还原剂溶液（5%，5 g 硫脲和 5 g 抗坏血酸，加去离子水稀释到 100 mL），用水稀释到 50 mL，摇匀，用于 As 的测定。

3）在剩余消化液中加入 1 mL 高锰酸钾溶液（1%，5 g 高锰酸钾溶于 500 mL 去离子水中），摇匀后静置 20 min，然后加草酸溶液（1%，10 g 草酸溶于 1000 mL 去离子水中）定容至 50 mL，再静置 30 min，用于 Hg 的测定。消解后用原子荧光分光光度计检测样品中的 As 和 Hg。

实验过程中所用到的玻璃容器在 1∶1 HNO_3 溶液中浸泡 24 h 以上，并用超纯水冲洗干净后晾干。实验所用的试剂均为优级纯，实验用水为超纯水。实验过程中每批样品均做全程空白，以消除样品处理及测定过程可能带来的干扰。参照《水系沉积物成分分析标准物质》（GBW07309）评价检测方法的准确度和精密度，检测结果与标准值一致（表 2.4）。

表 2.4　标准物质（GBW07309）检测结果

元素	检测值	标准值	标准偏差（SD）	变异系数（CV）
As	（19.20±1.90）mg/kg	18.85 mg/kg	0.53 mg/kg	2.79%
Hg	（25.00±5.00）μg/kg	24.00 μg/kg	2.00 μg/kg	9.44%

2.2.8 总有机碳、总氮、总磷测试

总有机碳（TOC）和总氮（TN）含量采用德国艾力蒙塔（Elementar）公司生产的元素分析仪（vario MICRO cube）进行测量。样品在冷冻干燥后研磨至 200 目（0.075 mm），每一样品的称样量约为 10 mg，直接上元素分析仪进行 TOC 和 TN 含量的测定。仪器测量的含量单位为 %。测试过程中，用乙酰苯胺（ACET）做标样，用水系沉积物样品（GSD-9）做质量控制，两次平行测定误差应不超过 0.10%。氧化炉温度 950℃，还原炉温度 500℃，加氧时间 90 s。标准物质对氨基苯磺酸的回收率为（98.5±0.6）%。平均每 50 个样品用标准物校正一次。

用钼锑抗分光光度法测定总磷（TP）含量，样品称重后置于 38℃烘箱中，过 24 h 取出，研磨，装袋。取少量样品于表面皿，称重，置于 108℃烘箱中，过 24 h 取出，冷却后称重，得样品的含水率。样品过 60 目（0.250 mm）筛后，进行后续 TP 的测定。测定方法如下：称取 0.25 g 干样品，用少量去离子水湿润，先后加 3 mL 硫酸和 10 滴高氯酸，置于调温电炉上消煮，再转移至 100 mL 容量瓶中，用钼锑抗法测定 TP 含量。"水系沉积物成分分析标准物质"（GBW07309）的加标回收率稳定在 95%。平均每 50 个样品用标准物校正一次。

2.2.9 有机污染物测试

沉积物样品前处理流程如图 2.4 所示，样品经冷冻干燥后，研磨成粉状，过 80 目（0.178 mm）筛。称取 5 g 左右样品置于加速溶剂萃取法（ASE）萃取池

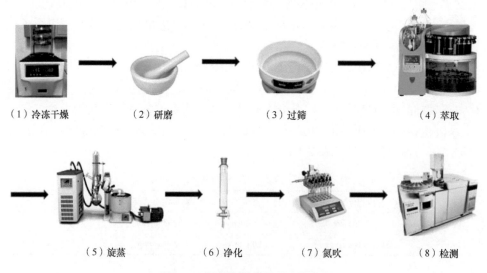

（1）冷冻干燥　　　　（2）研磨　　　　　（3）过筛　　　　　（4）萃取

（5）旋蒸　　　　　（6）净化　　　　　（7）氮吹　　　　　（8）检测

图 2.4　沉积物样品前处理流程

中，加入回收率指示剂，用二氯甲烷/正己烷（体积比 $V:V=1:1$）混合液进行加速溶剂萃取，在样品收集瓶中提前加入活化的铜片用于硫的去除。二氯甲烷样品提取液在旋转蒸发仪上浓缩，将溶剂完全转换为正己烷，并浓缩至 $1\sim2$ mL，经硅胶/氧化铝/硫酸钠（3:3:1）净化柱净化，用 40 mL 二氯甲烷/正己烷（$V:V=1:1$）混合液淋洗，经旋转蒸发、氮吹浓缩至约 0.5 mL，加入内标进行多环芳烃（PAHs）的分析。完成 PAHs 分析后，进一步氮吹浓缩至 0.1 mL，加入内标，上机测定有机氯农药（OCPs）和多溴联苯醚（PBDEs）。

PAHs 测试：采用 Thermo Trace 1310-TSQ 8000 气相色谱-双质谱联用仪（GC-MS/MS）测定 PAHs，分离所用气相色谱柱为 DB-5MS（30 m×0.25 mm×0.25 μm）毛细管柱；载气为高纯 He，流速为 1.0 mL/min；进样口温度为 250℃，不分流进样，进样量为 1 μL。升温程序为：初始温度 70℃，保持 1 min；以 25℃/min 升至 140℃；然后以 10℃/min 升至 240℃，最后以 5℃/min 升至 300℃，保持 40 min。质谱（MS）条件：采用电子轰击（EI）离子源电离，离子源温度为 300℃，扫描方式为选择反应检测扫描（SRM）模式。

PAHs 各目标物及其回收率指示剂的保留时间见表 2.5，其 GC-MS/MS 谱图见图 2.5。

表 2.5　目标 PAHs 及其回收率指示剂的保留时间　　　　（单位：min）

目标物	保留时间	目标物	保留时间	目标物	保留时间
萘	4.75	蒽	10.49	苯并 [k] 荧蒽	20.35
六甲基苯	6.98	荧蒽	13.08	苯并 [a] 芘	21.47
苊烯	7.05	芘	13.58	茚并 [1,2,3-c,d] 芘	24.83
苊	7.38	䓛	16.82	二苯并 [a,h] 蒽	24.98
芴	8.36	苯并 [a] 蒽	16.93	苯并 [g,h,i] 苝	25.56
菲	10.32	苯并 [b] 荧蒽	20.25		

OCPs 测试：采用 Thermo Trace 1310-TSQ 8000 气相色谱-双质谱联用仪（GC-MS/MS）测定 OCPs，分离所用气相色谱柱为 DB-5MS（30 m×0.25 mm×0.25 μm）毛细管柱；载气为高纯 He，流速为 1.2 mL/min；进样口温度为 270℃，不分流进样，进样量为 1 μL。升温程序为：初始温度 40℃，保持 1.5 min；以 25℃/min 升至 90℃，保持 1.5 min；以 25℃/min 升至 180℃；以 5℃/min 升至 280℃；最后以 10℃/min 升至 300℃，保持 5 min。MS 条件：采用 EI 离子源电离，离子源温度为 300℃，扫描方式为 SRM 模式。OCPs 各目标物及其回收率指示剂的保留时间见表 2.6，其 GC-MS/MS 谱图见图 2.6。

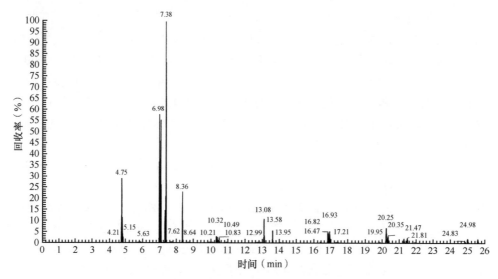

图 2.5　PAHs 及其回收率指示剂的 GC-MS/MS 谱图

图中谱峰所对应的目标物同表 2.5

个别峰值相邻太近，有些峰值较低，故没有全部标出

表 2.6　目标 OCPs 及其回收率指示剂的保留时间　　　　（单位：min）

目标物	保留时间	目标物	保留时间	目标物	保留时间
α-六六六	11.76	γ-氯丹	16.76	p,p′-DDD	19.12
β-六六六	12.29	o,p′-DDE	16.89	o,p′-DDT	19.24
PCB-30	12.31	硫丹 I	17.15	异狄氏剂醛	19.49
γ-六六六	12.44	α-氯丹	17.22	硫丹硫酸盐	20.23
PCB-24	12.86	p,p′-DDE	17.81	p,p′-DDT	20.30
δ-六六六	12.94	狄氏剂	17.93	异狄氏剂酮	21.75
七氯	14.09	o,p′-DDD	18.09	甲氧滴滴涕	22.23
PCB-65	14.85	PCB-82	18.44	PCB-204	22.34
艾氏剂	14.99	异狄氏剂	18.60	PCB-198	23.75
环氧七氯	16.10	硫丹 II	18.90	PCB-209	27.84

　　PBDEs 测试：采用 Thermo Trace 1310-TSQ 8000 气相色谱-双质谱联用仪（GC-MS/MS）测定 PBDEs，分离所用气相色谱柱为 DB-5HT（15 m×0.25 mm×0.1 μm）毛细管柱；载气为高纯 He，流速为 1.2 mL/min；进样口温度为 300℃，不分流进样，进样量为 1 μL。升温程序为：初始温度 90℃，保持 1.0 min；以 10℃/min 升至 200℃；最后以 9℃/min 升至 310℃，保持 5 min。MS 条件：采用 EI 离子源电离，离子源温度为 320℃，扫描方式为 SRM 模式。PBDEs 各目标物的保留时间见表 2.7，其 GC-MS/MS 谱图见图 2.7。

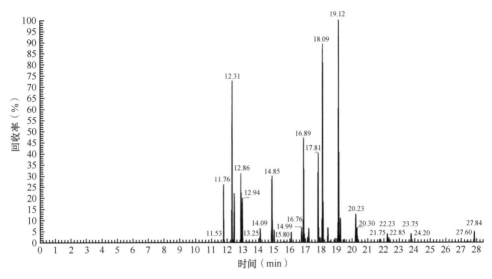

图 2.6 OCPs 及其回收率指示剂的 GC-MS/MS 谱图

图中谱峰所对应的目标物同表 2.6

个别峰值相邻太近，有些峰值较低，故没有全部标出

表 2.7 目标 PBDEs 及其回收率指示剂的保留时间 （单位：min）

目标物	保留时间	目标物	保留时间	目标物	保留时间
BDE-17	11.52	BDE-154	17.19	BDE-203	21.80
BDE-28	11.82	BDE-153	17.72	BDE-196	21.85
BDE-71	13.65	BDE-138	18.59	BDE-205	22.18
BDE-47	13.92	BDE-128	19.41	BDE-208	23.30
BDE-66	14.20	BDE-183	19.55	BDE-207	23.54
BDE-77	14.66	BDE-181	20.45	BDE-206	23.70
BDE-100	15.49	BDE-202	21.20	BDE-209	26.15
BDE-99	15.94	BDE-201	21.29		
BDE-118	16.30	BDE-197	21.47		

　　采用内标法对 PAHs、OCPs 和 PBDEs 进行定量，每个样品中均会加入回收率指示剂用于控制分析全过程中目标物的回收率。此外，在每批样品中，分别设置一个空白样品、一个空白加标样品、一个平行样品和一个基质加标样品，用于标定分析过程中样品受污染的情况、目标物的回收率、分析结果的重现性及基质对目标物回收率的影响情况。

　　PAHs 采用六甲基苯作为内标进行定量，5 种氘代物作为回收率指示剂（表 2.5）。OCPs 采用 PCB-24、PCB-82 和 PCB-198 作为内标进行定量，PCB-

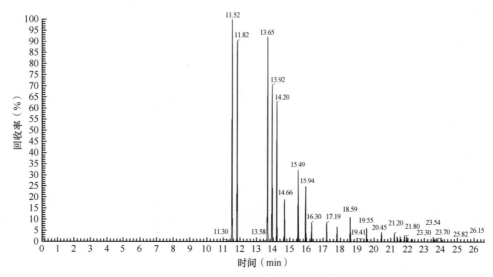

图 2.7　PBDEs 及其回收率指示剂的 GC-MS/MS 谱图

图中谱峰所对应的目标物同表 2.7

个别峰值相邻太近，有些峰值较低，故没有全部标出

30、PCB-65 和 PCB-204 作为回收率指示剂（表 2.6）。PBDEs 采用 BDE-118 和 BDE-128 作为内标进行定量，BDE-77、BDE-181 和 BDE-205 作为回收率指示剂（表 2.7）。目标物的变异系数（CV）在 10% 以内，说明分析结果重现性较好，满足质控要求；目标物的回收率基本在 83% ～ 115%，满足质量控制（QC）的要求；加标回收率在 77% ～ 120%，满足 QC 要求；方法空白中 PAHs 含量小于样品含量的 5%，OCPs 和 PBDEs 未有检出。方法检出限（MDL）是用仪器定量限、回收率和浓缩因子计算的，而仪器定量限为 10 倍信噪比（S/N）对应的浓度，PAHs、OCPs 和 PBDEs 的 MDL 分别为 0.01 ～ 0.20 ng/g、0.01 ～ 1.00 ng/g 和 0.1 ～ 5.0 pg/g。

为避免污染，实验中所有的瓶子分别用碱性洗液、去离子水洗涤烘干，并于马弗炉中 450℃烘烤 4 h。

2.3　分析测试质量控制

实验室分析包括沉积物的粒度分析、矿物鉴定和相关化学分析。分析方法和质量控制完全遵守《海洋调查规范 第 8 部分：海洋地质地球物理调查》（GB/T 12763.8—2007）的相关要求，以及《海洋监测规范 第 5 部分：沉积物分析》（GB 17378.5—2007）和《海洋监测规范 第 2 部分：数据处理与分析质量控制》（GB 17378.2—2007）的相关要求。

（1）粒度分析

对于较细的潮间带沉积物采用英国 Malvern 公司生产的 Mastersizer 3000 型激光粒度分析仪进行分析，较粗的表层沉积物样品采用筛析法。分析准确度优于 1%（Dv50，国际标准粒子检验），重复性优于 0.5%（CV，Dv50）。

（2）碎屑矿物分析

对经过处理、缩分的样品，在双目镜下鉴定、计数、统计，统计矿物颗粒数目大于 300 粒，然后计算每种矿物的百分数。

（3）沉积物化学分析

沉积物中的多环芳烃、有机氯农药、多溴联苯醚及 Hg 和 As 分析由中国科学院烟台海岸带研究所完成，总有机碳、总氮和总磷分析由华东师范大学完成，矿物分析由中国地质调查局青岛海洋地质研究所完成，常量元素和微量元素和重金属元素（Cu、Pb、Zn、Cd 和 Cr）分析等由自然资源部第一海洋研究所完成。各指标采用的分析及其质量控制评价如下。

1）多环芳烃（PAHs）：采用液相色谱法测定，检测依据为《海洋监测规范 第 5 部分：沉积物分析》（GB 17378.5—2007）和《土壤和沉积物 多环芳烃的测定 高效液相色谱法》（HJ 784—2016）。17 种 PAHs 组分的检出限范围为 0.0002 ～ 0.0045 mg/kg；对混合标准溶液平行测定 4 次，测定值的 CV 为 0.29% ～ 2.96%；17 种 PAHs 组分的平均回收率大于 85%；空白试剂中 17 种 PAHs 组分均未检测出，表明该方法各实验步骤中无外来干扰；按 10% 样品做平行双样检查，结果全部合格。

2）六六六（BHC）、滴滴涕（DDT）：采用气相色谱法测定，检测依据为《海洋监测规范 第 5 部分：沉积物分析》（GB 17378.5—2007）和《土壤中六六六和滴滴涕测定的气相色谱法》（GB/T 14550—2003）。用混合标准溶液测定六六六、DDT 的检出限分别为 0.25 mg/kg 和 0.33 mg/kg；对混合标准溶液平行测定 6 次，测定值的 CV 为 1.13% ～ 2.49%；各组分的平均回收率大于 83%；空白试剂中六六六、DDT 均未检测出，表明该方法各实验步骤中无外来干扰；按 10% 样品做平行双样检查，结果全部合格。

3）多溴联苯醚：分析方法参照美国 EPA 标准方法。

4）总有机碳、总氮和总磷：总有机碳和总氮采用元素分析仪（vario MICRO cube，Elementar GmbH）测定，总磷采用钼锑抗分光光度法［依据《海洋监测规范 第 5 部分：沉积物分析》（GB 17378.5—2007）］测定。总有机碳、总氮和总磷的检出限分别为 0.013 g/kg、0.0015 g/kg 和 0.017 g/kg；准确度分别为 0.6%、1.52%

和 3.4%；精密度分别为 0.96%、1.67% 和 1.5%；按 10% 样品做平行双样检查，结果全部合格。

5）重金属（Hg 和 As）：采用原子荧光法测定，检出限分别为 1 mg/kg 和 2 μg/kg；一级标样合格率为 100%，重复样合格率为 100%。

6）重金属（Cu、Pb、Zn、Cd 和 Cr）：采用 ICP-MS 测定，Cu、Pb、Zn、Cd 和 Cr 的检出限分别为 70 μg/kg、27 μg/kg、1 mg/kg、6 μg/kg 和 2 mg/kg；一级标样合格率为 100%，重复样合格率为 100%。

7）常量元素和微量元素：采用 ICP-OES 测定；一级标样合格率为 100%，重复样合格率为 100%。

第 3 章

潮间带表层沉积物底质特征

粒度和矿物分布特征是研究海岸沉积作用的核心内容，是沉积物分类的基础，既体现了沉积物理化性质的本质，又主导着沉积物的历史演变。粒度分析是沉积环境研究、物质运动方式判定、水动力条件研究和粒径趋势分析等研究工作的基础。同时，探明沉积物的矿物组成、分布规律及物质来源等，对进一步阐明蚀源区的母岩成分及各类矿物入海后的分异规律，以及在海洋环境变迁、海洋矿产资源开发和海洋沉积学理论的发展等方面均有特殊而重要的科学意义。

3.1 沉积类型与粒度分布特征

3.1.1 沉积类型

除河北北戴河沙滩和烟台四十里湾沙滩外，多数区域为粉砂质潮滩，其主要是在河流、海流、波浪等动力作用下由泥沙堆积而成。本次研究采用福克（Folk）沉积物分类体系对各潮滩沉积物类型进行划分。

河北北戴河和烟台四十里湾潮间带沉积物以砂为主（图 3.1a、c），辽宁大辽河口潮间带沉积物类型主要为砂质粉砂（图 3.1a），而天津汉沽潮间带沉积物类型以粉砂为主（图 3.1a）。山东黄河口潮间带沉积物类型为粉砂质砂和砂质粉砂，而青岛大沽河口潮间带沉积物中，黏土质含量明显偏高，沉积物类型主要为粉砂质砂、砂质粉砂和粉砂（图 3.1b）。江苏苏北盐城浅滩潮间带至浙江慈溪杭州湾南岸潮间带沉积物类型趋于单一，且颗粒越来越细，江苏苏北盐城浅滩潮间带沉积物类型以砂质粉砂为主，上海长江口崇明东滩潮间带沉积物类型中粉砂所占比重明显增大，至浙江慈溪杭州湾南岸潮间带，沉积物类型主要是粉砂，含有少量黏土（图 3.1b）。

由福建福州闽江口潮间带至海南东寨港潮间带，沉积物分布总体较分散（图 3.1d）。福建福州闽江口潮间带沉积物类型包含砂、粉砂质砂、砂质粉砂及粉

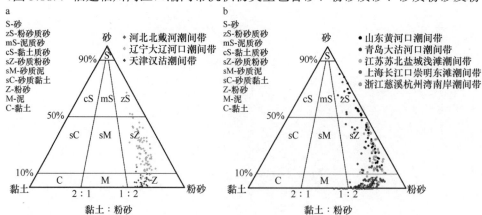

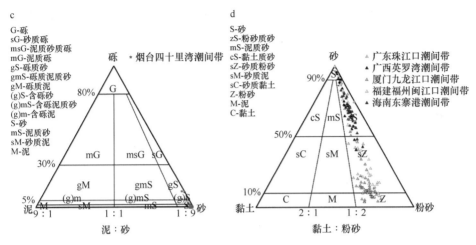

图 3.1　各调查区域沉积物类型分布示意图

砂，其中粉砂质砂最多。厦门九龙江口潮间带沉积物类型以砂质粉砂和粉砂为主。广东珠江口潮间带沉积物类型为粉砂质砂和砂质粉砂。广西英罗湾潮间带沉积物颗粒偏粗，以砂和粉砂质砂为主，含有少量砂质粉砂。海南东寨港潮间带沉积物主要类型为粉砂质砂。

3.1.2　粒度分布特征

在总结 14 个典型潮间带表层沉积物沉积类型的基础上，为进一步说明沉积物粒度空间分布特征及外部沉积动力，采用 Pejrup 分类方法对粉砂质潮滩沉积物外部动力进行分析。

Pejrup 分类方法是由丹麦学者 Morten Pejrup 在 1988 年提出的一种形似 Folk 的分类方法。首先用平行于砂端元对边、砂/泥（泥=粉砂+黏土）含量比分别为9、1、1/9 的三条界线将沉积物分为 A、B、C、D 四大类，然后用粉砂/黏土比分别为 4、1、1/4 的三条辐射线将上述四类沉积物分别分为 Ⅰ、Ⅱ、Ⅲ、Ⅳ类，据此将沉积物分为 16 类。Pejrup 分类对沉积物成因有很好的解释功能。A、B、C、D 反映沉积物中砂、泥含量比，这一比例取决于物源区的远近、搬运介质的强弱和介质的浑浊度；Ⅰ、Ⅱ、Ⅲ、Ⅳ反映沉积介质的扰动程度，Ⅰ类属于悬浮组分均为黏土质的情况，代表平静介质，Ⅳ类属于悬浮组分均为粉砂的情况，代表扰动环境，Ⅱ类、Ⅲ类沉积物介于其间。

数据显示：①辽宁大辽河口潮间带向南至江苏苏北盐城浅滩潮间带，沉积物主要在Ⅳ–C 区，粉砂组分含量（＞50%）较高，处于扰动环境中，外部动力较强；②上海长江口崇明东滩潮间带至浙江慈溪杭州湾南岸潮间带的外部动力由扰动向平静变化明显，黏土含量偏高；③福建福州闽江口潮间带向南至海南东寨港潮间带，沉积物类型沿粉砂/黏土比 4/1 辐射线（黏土组分含量 20% 处）粒径逐渐变粗，由Ⅳ向Ⅲ过渡，扰动程度变化不大（图 3.2）。

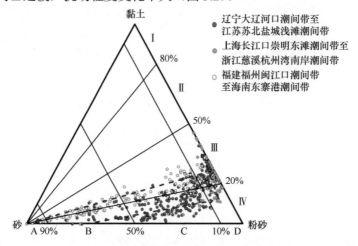

图 3.2　各调查区域沉积物 Pejrup 分类示意图

总体上，沉积物颗粒和扰动程度分界线大致处于上海长江口崇明东滩潮间带至浙江慈溪杭州湾南岸潮间带，由北向南（辽宁大辽河口潮间带至海南东寨港潮间带）沉积物颗粒经历了"粗—细—粗"的一个变化过程。外部环境的扰动程度在浙江慈溪杭州湾南岸潮间带以北的变化趋势是由小变大，在浙江慈溪杭州湾南岸潮间带向南的调查区域外部扰动程度变化不大。

（1）辽宁大辽河口潮间带

辽宁大辽河口潮间带沉积物粒度组分以砂和粉砂为主（图 3.3）。枯季砂含量较洪季偏高，尤其是东南部枯季砂含量增加明显。黏土含量枯季较洪季有所降低。中值粒径洪季、枯季变化不大，洪季沉积物颗粒由西北向东南呈"细—粗—细"的变化趋势，枯季沉积物颗粒由西北向东南逐渐变粗。

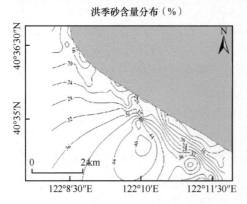

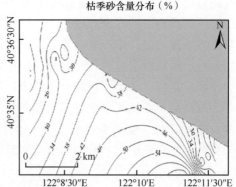

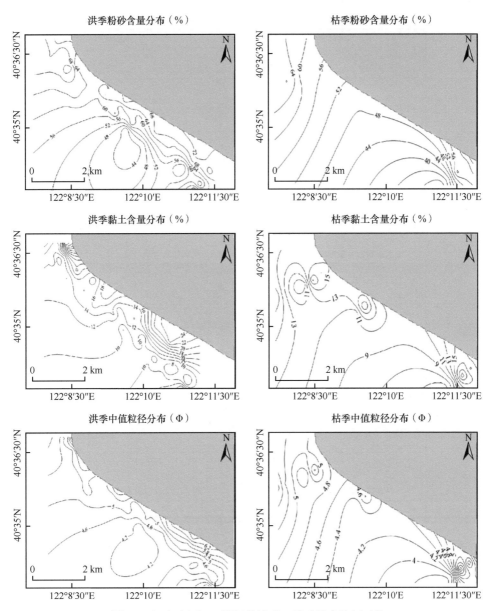

图 3.3　辽宁大辽河口潮间带洪季、枯季粒度特征对比

（2）河北北戴河潮间带

河北北戴河潮间带沉积物砂含量均在 95% 以上，枯季粉砂和黏土含量较洪季有所增加，但对粒度组分影响不大（图 3.4）。枯季中值粒径较洪季减小，颗粒变粗，洪季沉积物颗粒由北向南逐渐变细，枯季在东北区域出现一个粒径低值区，由此向外颗粒逐渐变细。

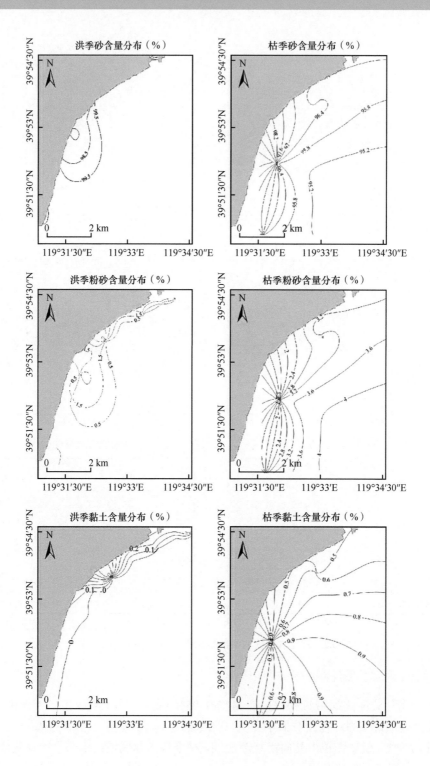

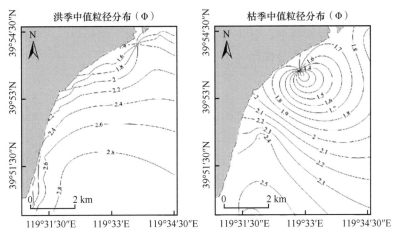

图 3.4　河北北戴河潮间带洪季、枯季粒度特征对比

（3）天津汉沽潮间带

天津汉沽潮间带沉积物粒度组分与中值粒径呈东西向变化（图 3.5）。洪季砂含量和粉砂含量由西向东呈"低—高—低—高"的变化趋势，黏土含量变化相

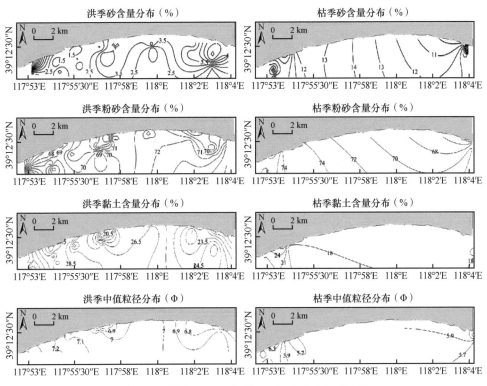

图 3.5　天津汉沽潮间带洪季、枯季粒度特征对比

反。枯季砂含量明显增加，黏土含量明显降低；由西向东，砂含量呈"先增后减"的趋势，粉砂含量逐渐降低，黏土含量呈"先减后增"的趋势。沉积物颗粒东部明显偏粗，枯季较洪季明显偏粗。

（4）山东黄河口潮间带

山东黄河口潮间带沉积物粒度组分中，粉砂含量整体略高于砂含量；黏土含量相对较低，均低于10%。相比洪季，枯季粉砂含量明显升高，砂含量显著降低，黏土含量和中值粒径受季节变化影响不大。由南向北，由于黄河和广利河的影响，沉积物颗粒呈"粗—细—粗"的分布趋势（图3.6）。

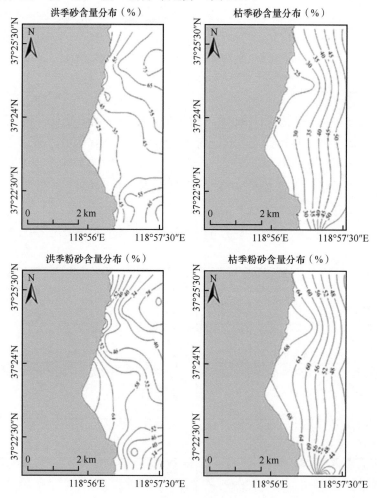

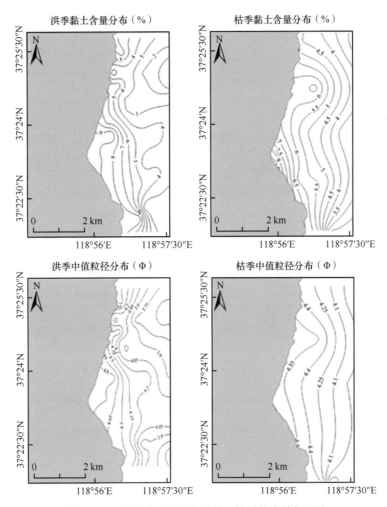

图 3.6　山东黄河口潮间带洪季、枯季粒度特征对比

（5）烟台四十里湾潮间带

烟台四十里湾潮间带沉积物粒度组分以粉砂为主（> 95%），砂和黏土含量在 1% 左右。沉积物颗粒西部较东部偏粗。粒度组分与中值粒径基本不受季节变化的影响（图 3.7）。

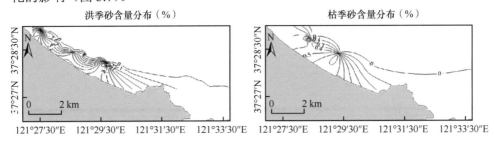

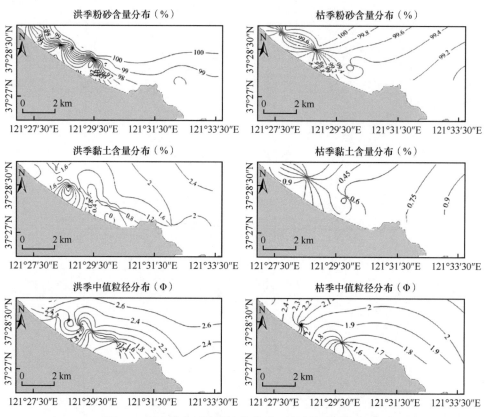

图3.7 烟台四十里湾潮间带洪季、枯季粒度特征对比

（6）青岛大沽河口潮间带

青岛大沽河口潮间带沉积物粒度组分与中值粒径基本不受季节变化影响（图3.8）。就变化趋势而言，洪季呈现多个峰值区和低值区；枯季粒度组分与中值粒径由西向东变化明显，砂含量逐渐减小，粉砂和黏土含量逐渐增加，颗粒逐渐变细。

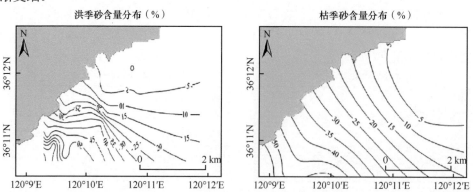

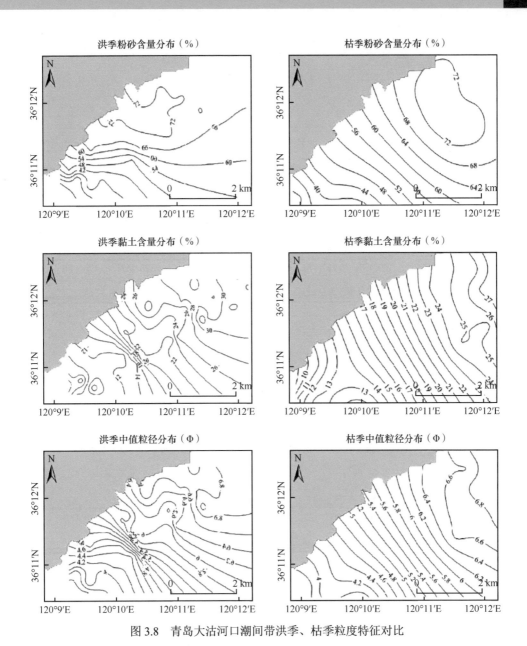

图 3.8　青岛大沽河口潮间带洪季、枯季粒度特征对比

（7）江苏苏北盐城浅滩潮间带

江苏苏北盐城浅滩潮间带洪季、枯季粒度组分与中值粒径变化趋势区别不大（图 3.9）。洪季粒度组分以粉砂为主（＞60%），砂和黏土含量相对偏低。枯季砂含量有所增加，粉砂含量相对降低。中值粒径洪季、枯季变化不大。

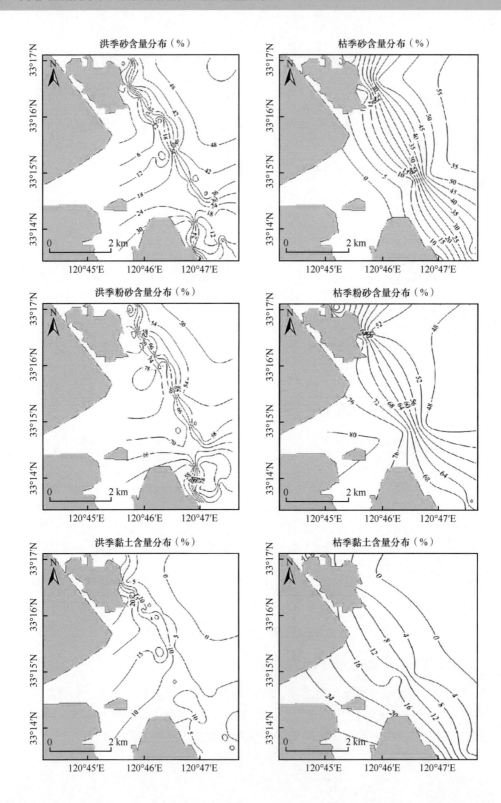

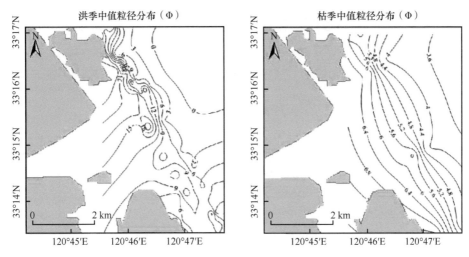

图 3.9　江苏苏北盐城浅滩潮间带洪季、枯季粒度特征对比

（8）上海长江口崇明东滩潮间带

上海长江口崇明东滩潮间带沉积物粒度组分以粉砂为主，枯季砂含量明显升高，黏土含量较洪季明显降低（图 3.10）。中值粒径洪季、枯季变化不大。总体而言，上海长江口崇明东滩南部沉积物颗粒较北部偏粗，砂含量明显偏高。

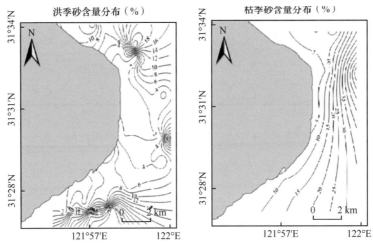

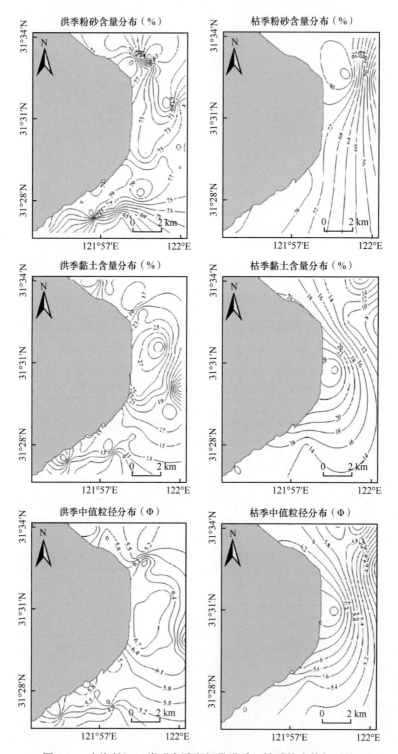

图 3.10 上海长江口崇明东滩潮间带洪季、枯季粒度特征对比

（9）浙江慈溪杭州湾南岸潮间带

浙江慈溪杭州湾南岸潮间带粒度组分中粉砂含量最高，其次为黏土含量，砂含量小于 1%（图 3.11）。各粒度组分含量洪季、枯季变化不大。南部颗粒较北部偏细，中值粒径枯季明显大于洪季。

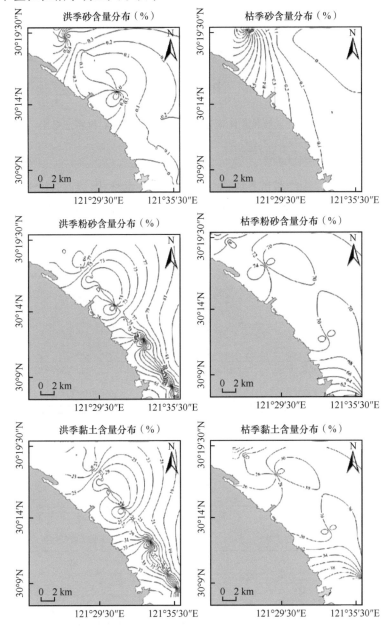

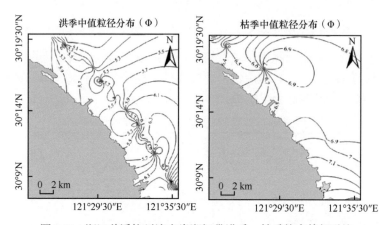

图 3.11　浙江慈溪杭州湾南岸潮间带洪季、枯季粒度特征对比

（10）福建福州闽江口潮间带

福建福州闽江口潮间带沉积物颗粒由西向东逐渐变粗，粒度组分以粉砂和砂为主（图 3.12）。洪季砂含量和粉砂含量相对均衡。枯季砂含量明显降低，粉砂含量明显增加。枯季西部黏土含量增加明显。

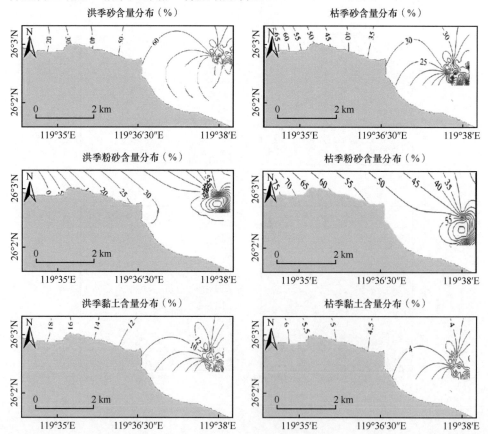

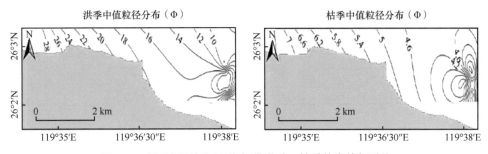

图 3.12　福建福州闽江口潮间带洪季、枯季粒度特征对比

（11）厦门九龙江口潮间带

厦门九龙江口潮间带沉积物粒度组分受季节变化影响不大，粒度组分中粉砂含量最高，在 60% 以上，其次为黏土含量，砂含量最低（图 3.13）。沉积物颗粒南部较北部偏粗，枯季中值粒径减小，颗粒变粗。

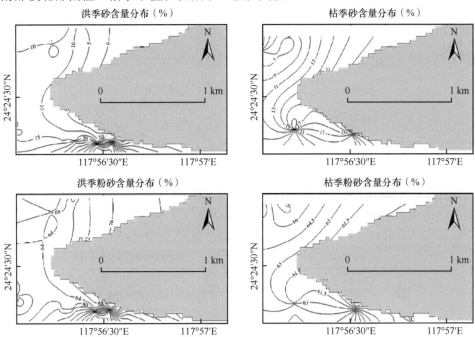

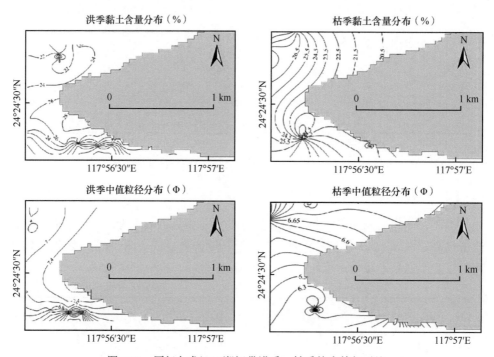

图 3.13　厦门九龙江口潮间带洪季、枯季粒度特征对比

（12）广东珠江口潮间带

广东珠江口潮间带沉积物粒度组分与中值粒径洪季、枯季变化明显（图 3.14）。粒度组分洪季、枯季变化极为明显：洪季沉积物粒度组分以砂为主，其次为粉砂，黏土含量最低；枯季沉积物粒度组分中，粉砂含量最高，其次为砂，黏土含量最低。由南向北，沉积物中值粒径先减小后增大，对应颗粒"细—粗—细"的变化趋势；与洪季相比，枯季中值粒径增大，颗粒变细。

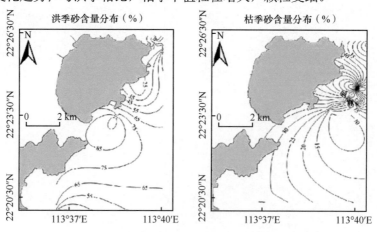

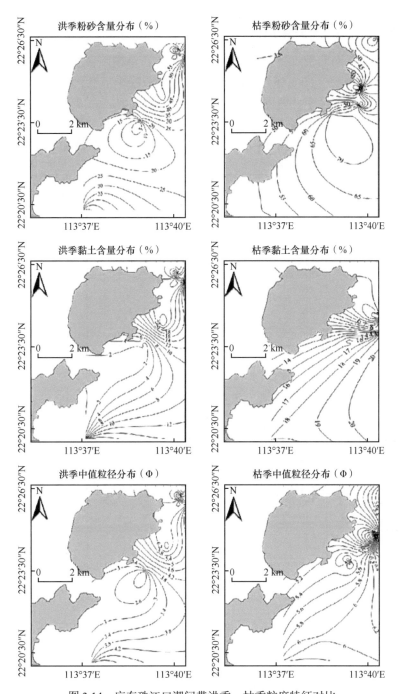

图 3.14　广东珠江口潮间带洪季、枯季粒度特征对比

（13）广西英罗湾潮间带

广西英罗湾潮间带沉积物粒度组分以砂为主，洪季砂含量多高于80%，枯季砂含量均超过90%（图3.15）。粒度组分与中值粒径季节变化明显，尤其是粉砂含量；枯季，研究区南北两侧的粉砂含量由洪季的20%～30%急剧降至10%以下。洪季沉积物呈现南北分异，由南向北，沉积物颗粒呈"细—粗—细"的变化趋势。枯季沉积物呈东西向变化，由西向东，沉积颗粒逐渐变粗。

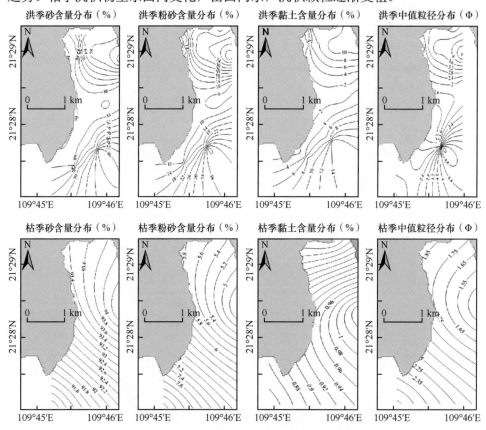

图3.15 广西英罗湾潮间带洪季、枯季粒度特征对比

（14）海南东寨港潮间带

海南东寨港潮间带沉积物粒度组分中砂含量明显偏高（＞60%），其次是粉砂，黏土含量最低。沉积物中值粒径等值线总体平行于海岸线，呈"西北—东南"走向，即颗粒由岸向海粗化趋势明显。相比枯季，洪季沉积物粒度沿海岸线方向呈"细—粗—细"的变化特征。总体而言，沉积物粒度组分与中值粒径受季节变化的影响不大（图3.16）。

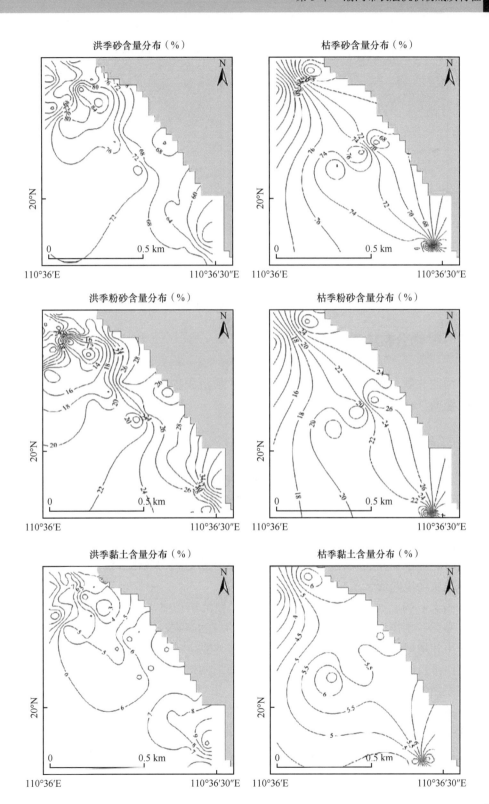

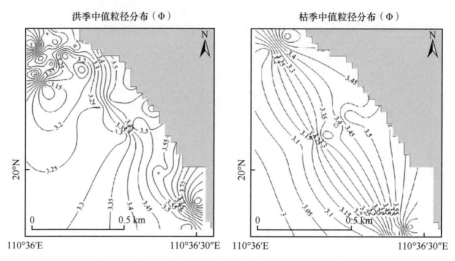

图 3.16　海南东寨港潮间带洪季、枯季粒度特征对比

3.2　矿物分布特征

河北北戴河和烟台四十里湾潮间带的砂质沉积物用于鉴定碎屑矿物，其他粉砂质潮间带沉积物用于测定黏土矿物。

3.2.1　黏土矿物分布特征

绝大多数黏土矿物都属于层状结构硅酸盐，广泛分布于海洋沉积物中。晶体的基本结构层是硅-氧四面体层及铝-氧或镁-氧八面体层，然后再由这些基本结构层以一定方式结合而形成结构单元层。不同的结合方式形成了不同的矿物类型，通常以多种矿物的混合形式出现，而且常有一定的组合类型，这主要取决于形成时的环境和介质条件。由于黏土矿物具有独特的物理化学性质，它对地质作用和地质环境的变化反应敏感。

黏土矿物一般存在于小于 2 μm 的细颗粒沉积物中，是沉积物中最活跃的部分。黏土矿物作为各种地质因素综合作用的自然产物，不同种类可以反映表生风化作用和地球化学过程的差异。因此，通过对黏土矿物组分、组合与分布特征的研究，可以阐明物质来源、气候状况、入海后的水动力分选与沉积再悬浮等源区与沉积物的各种地质过程。

就一般情况而言，伊利石是在气温稍低、弱碱性条件下，由长石、云母等硅酸盐矿物在风化脱钾的情况下形成的，其主要阳离子有 Si^{4+}、Al^{3+} 和 K^+。如果 K^+ 继续淋失，则伊利石可向蒙脱石演化。如果气候变得湿热，化学风化彻底，则伊利石将进一步分解为高岭石。因此，气候干冷、淋滤作用弱有利于伊利石的形成和保存。绿泥石一般在化学风化作用受抑制的地区保存下来，如冰川或干旱的地表，因此伊利石和绿泥石含量增加一般代表逐渐变为干旱的气候条件。而高岭石是在潮湿气候酸性介质中经强烈淋滤的条件下形成的，其主要阳离子为 Si^{4+} 和 Al^{3+}，它是硅酸盐矿物在自然地理环境中的分解产物，气候温暖潮湿有利于高岭石的形成和保存，因此高岭石指示了湿热的环境。蒙脱石易形成于干湿交替的气候环境，它的存在是寒冷气候特征的反映，蒙脱石也可能是各种火山岩和火山成因物质的风化变质产物。

我国典型潮间带表层沉积物黏土矿物主要为伊利石、蒙脱石、高岭石和绿泥石，各黏土矿物含量统计如表 3.1 所示。其成分含量具有明显的南北差异性，浙江慈溪杭州湾南岸（CX）及其以北地区黏土矿物成分以伊利石为主，平均含量近 60%，其次是绿泥石，平均含量约 20%，高岭石平均含量小于 20%，蒙脱石平均含量最低（图 3.17）。辽宁大辽河口（LH）绿泥石、高岭石及蒙脱石含量基本一致。天津汉沽（HG）、山东黄河口（DY）和江苏苏北盐城浅滩（YC）等潮间带的黏土矿物在表层沉积物中的分布受物源控制，其中黄河的入海泥沙影响最大。浙江慈溪杭州湾南岸以南潮间带表层沉积物黏土矿物成分以高岭石为主，平均含量约 40%，伊利石含量次之，平均可达约 30%，蒙脱石含量最低，平均不到 5%。广西英罗湾（YL）高岭石含量相比于其他站位明显偏高，达 60% 以上。

表 3.1　我国典型潮间带表层沉积物黏土矿物平均含量比较　　（%）

潮间带站位	蒙脱石	伊利石	高岭石	绿泥石
辽宁大辽河口（LH）	14.5	58.9	13.9	12.6
天津汉沽（HG）	8.4	59.1	15.3	17.2
山东黄河口（DY）	8.3	55.3	16.1	20.3
青岛大沽河口（QD）	10.8	61.0	16.0	12.2
江苏苏北盐城浅滩（YC）	7.4	58.3	15.2	19.2
上海长江口崇明东滩（DT）	4.6	56.1	18.4	20.9
浙江慈溪杭州湾南岸（CX）	5.1	58.8	16.3	19.8
福建福州闽江口（FZ）	2.2	32.8	37.9	27.1
厦门九龙江口（JL）	3.5	32.0	40.0	24.5
广西英罗湾（YL）	1.7	15.3	61.3	21.8
广东珠江口（ZJ）	1.3	39.5	38.4	20.7
海南东寨港（DZ）	6.4	32.6	38.7	22.3

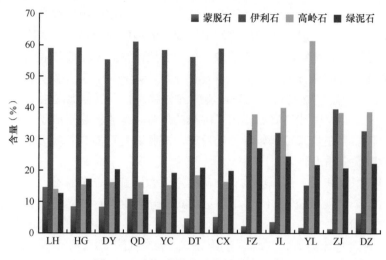

图 3.17　潮间带黏土矿物组成特征对比

海洋黏土矿物根据物质来源可分为自生和陆源两种类型，前者通常需要稳定的沉积环境，而研究区地处河口潮间带地区，水体交换频繁，陆源供应充足，该区黏土矿物基本为陆源物质风化搬运所形成。我国典型潮间带表层沉积物中的黏土具有十分不同的矿物组合特征，主要来源于我国内陆，黏土矿物组合类型主要受源区气候和周围陆源岩石类型所控制。

3.2.2　碎屑矿物分布特征

陆源碎屑沉积物的"从源到汇"过程是我国陆海相互作用和海洋地质研究的重要内容，陆源入海沉积物的物质来源识别是重要环节。由于矿物间具有一定的共生关系，不同源区母岩属性、气候、环境不同，矿物组合迥异，因此矿物组合被认为是敏感的物源变化指示剂。矿物组合因在表生环境中相对稳定而被广泛应用于沉积物的物源和物质扩散研究中，尤其是在矿物种类较复杂、受控因素较多的地区。入海碎屑矿物的分布还会受到矿物颗粒理化性质及海域水动力环境的影响，密度较大的矿物易于就近沉积在河口近岸，而密度较小易于悬浮的片状矿物则易受潮流和环流作用而发生搬运。因此，碎屑矿物的分布可反映沉积动力环境的差异。碎屑矿物中的碎屑组成和结构特征可以用于推断物源区的母岩类型，揭示沉积作用发生时的构造环境和气候条件。砂质矿物是碎屑矿物研究的主要矿石类型，碎屑成分以石英、长石和岩屑等为主。

碎屑矿物中重矿物含量能较好地反映区域物源及稳定情况，共鉴定出重矿物 24 种，含量为 0.19% ～ 45.16%，平均含量为 4.27%。

　　1）河北北戴河（BDH）：沉积物中绿帘石（45.16%）、普通角闪石（25.87%）和赤褐铁矿（10.82%）为主要优势重矿物，其含量均大于10%；磁铁矿、钛铁矿、岩屑、锆石、石榴石、阳起透闪石为次要重矿物，其含量均为1%～10%；少量重矿物为白钛石、独居石、榍石、磷灰石、锐钛矿、电气石、（斜）黝帘石、黑云母、生物碎屑，其含量均小于1%（图3.18）。

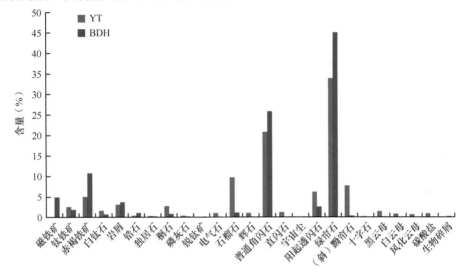

图3.18　烟台四十里湾（YT）和河北北戴河（BDH）表层沉积物重矿物组成

岩屑属于矿物中无法确认类型的组分，轻、重矿物中均含有

　　2）烟台四十里湾（YT）：沉积物中绿帘石（33.98%）和普通角闪石（20.91%）为主要优势重矿物，其含量均大于10%；钛铁矿、赤褐铁矿、白钛石、岩屑、榍石、电气石、石榴石、辉石、直闪石、阳起透闪石、（斜）黝帘石、黑云母为次要重矿物，其含量均为1%～10%；少量重矿物为锆石、独居石、磷灰石、十字石、白云母、风化云母、碳酸盐，其含量均小于1%。

　　鉴定出轻矿物8种，包括石英、长石、岩屑、云母、绿泥石、碳酸岩、海绿石、有机碳。

　　1）河北北戴河（BDH）：主要轻矿物为石英（34.49%）、长石（58.81%），岩屑为次要轻矿物，其平均含量为5.64%，云母、绿泥石、碳酸岩、海绿石、有机碳为少量轻矿物，其平均含量均小于1%（图3.19）。

　　2）烟台四十里湾（YT）：主要轻矿物为石英（45.77%）、长石（51.96%），云母为次要轻矿物，其平均含量为1.58%，岩屑、绿泥石、碳酸岩、海绿石、有机碳为少量轻矿物，其平均含量均小于1%。

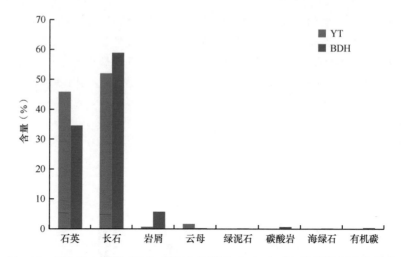

图 3.19　烟台四十里湾（YT）和河北北戴河（BDH）表层沉积物轻矿物组成
岩屑属于矿物中无法确认类型的组分，轻、重矿物中均含有

3.3　小结

通过对我国 14 个典型潮间带洪、枯两季表层沉积物的粒度和矿物分布特征进行研究，总结出以下几点。

1）潮间带沉积物主要来源是陆源碎屑物，其特征取决于物源和动力环境；本次采样站位沉积特征取决于入海河流输送的沉积物质和所处沉积环境。

2）粒度组分和中值粒径受河流入海泥沙的影响，如福建沿海潮滩（福建福州闽江口潮间带、厦门九龙江口潮间带）砂含量最高，为 60% ～ 90%，这与闽江、九龙江入海口外部动力有关。其余潮滩粒度组分以砂和粉砂为主，其中粉砂含量最高。河北北戴河潮间带和烟台四十里湾潮间带等的沉积物类型以细砂、中细砂为主，结合长期的岸滩监测结果，该区的微侵蚀沉积过程主要受海岸工程及海洋水动力条件影响。

3）以上海长江口崇明东滩潮间带至浙江慈溪杭州湾南岸潮间带为界，我国潮间带表层沉积物颗粒由北向南（辽宁大辽河口潮间带至海南东寨港潮间带）经历了"粗—细—粗"的一个变化过程。外部环境的扰动程度在浙江慈溪杭州湾南岸以北的变化趋势是由小变大，在浙江慈溪杭州湾南岸向南的调查区域外部扰动程度变化不大。

4）我国潮间带表层沉积物黏土矿物主要有伊利石、蒙脱石、高岭石和绿泥石4 种，以浙江慈溪杭州湾南岸为界，浙江慈溪杭州湾南岸及其以北地区黏土矿物中伊利石总体含量占绝对优势，大致北高南低；其次是绿泥石，呈现北低南高的趋势；高岭石再次之，分布规律同绿泥石一致；蒙脱石含量最低，平均含量为 5%。黏土矿物组合分布类型显示了河流及其上游气候环境对物质来源的控制作用。

　　5）河北北戴河和烟台四十里湾沉积物碎屑矿物组成包括重矿物 24 种，以绿帘石和普通角闪石为主要矿物；还包括轻矿物 8 种，以石英和长石为主要矿物。

第 4 章

潮间带表层沉积物元素地球化学特征

我国潮间带区域横跨热带（炎热多雨）、亚热带（温暖湿润）和温带（寒冷干旱）三大季风气候带，流域母岩岩性和风化环境均存在明显差异，势必造成潮间带沉积物中元素地球化学特征存在区域变化。潮间带沉积物中的元素除受河流等陆源物质输入影响外，还与沉积再搬运和人类活动排放等息息相关。研究沉积物中元素组成与分布特征，对进一步探讨其形成原因和影响因素至关重要。

4.1 元素地球化学研究概述

海洋沉积物的地球化学研究，早期以开展海岸带沉积物地球化学的调查为主，查清了近海陆架区沉积物中元素的分布规律和控制因素。在 20 世纪 70 年代，Didyk 等（1978）开展了海洋生物颗粒物中微量元素特征的研究，分析了生物地球化学循环各阶段元素的比值，明确了生源物质中的元素组成。Wood 等（1997）对柔佛海峡（位于马来西亚与新加坡之间）沉积物的地球化学特征做了研究，发现其元素含量与基岩的性质、基岩的风化及人类活动产生的物质输入关系密切。Konhauser 等（1997）的研究发现，流经印度奥里萨州的河流的沉积物中微量元素含量与地壳中的存在显著性差异，前者相比后者要高。

近几十年来，我国学者对沿海沉积物的元素地球化学特征进行了大量的研究。早在 1962 年，秦蕴珊和廖先贵（1962）就对渤海湾的沉积物分布格局、物源分区进行了研究，探讨了其影响因素及其之间的关系。随之，赵一阳（1980，1983）、赵一阳等（1990）系统研究了沿海沉积物中常量元素和微量元素和稀土元素的地球化学特征及其分布规律，发现稀土元素在我国陆架沉积物中的丰度与内陆岩石较为接近，其配分模式具有陆壳型特征，并且与亲陆源碎屑元素具有显著的正相关关系，表明其主要来自内陆岩石的风化，绝大部分稀土元素在沉积物中赋存于黏土矿物中，其含量大多服从"粒控律"；我国海域大陆架沉积物中元素地球化学含量和分布模式存在受粒度控制、沿陆分布、河口富集、元素的相关性、亲碎屑性、亲陆性等显著特征。20 世纪 80 年代，秦蕴珊（1985）、秦蕴珊等（1987）详细研究了渤海、黄海、东海等的沉积物中元素的丰度和分布规律，得到了大量翔实的基础资料。

蓝先洪和申顺喜（2002）结合柱状样品稀土元素分布特征，开展了黄河、长江物源与古气候关系的研究；严杰等（2013）利用稀土元素探讨了鸭绿江径流输运的陆源碎屑物质的分布；张晓波等（2014）利用稀土元素比较了黄河与其周边中小河流对山东半岛南部海域沉积物影响的差异；郑世雯等（2017）发现了渤海中部受现代黄河沉积物影响的稀土元素证据。另外，广大学者先后对广东近岸、福建近岸、青岛近岸、浙闽近岸等区域沉积物开展了物源分析研究（颜彬等，2012；刘金庆等，2016；李波等，2017；宁泽等，2018）。

许多学者分别对渤海、南黄海、东海内陆架、东海陆架泥质区、冲绳海槽、南沙海槽等海区沉积物中的元素地球化学特征进行了研究，分析了元素分布的影响因素，并进行了地球化学分区（刘彬昌和卢中发，1992；吕成功和陈真，1993；孟宪伟等，1997；郭志刚等，2000；蓝先洪等，2006b；刘升发等，2010）。渤海是我国典型的内陆海，前人对其元素地球化学特征研究较多，刘彬昌和卢中发（1992）对渤海沉积物地球化学特征进行了模糊分区，将渤海沉积物分成了 3 个大的地球化学区，主要的影响因素为物质来源和水动力条件。吕成功和陈真（1993）研究了钙质、Mg、Fe、Mn、P、碳酸盐（$CaCO_3$）等在渤海表层沉积物中的含量与分布，结果表明其含量与黄海、东海较为接近，其分布受沉积物粒径大小的控制，根据元素含量和分布特征将渤海划分为 3 个分区。周永芝和刘娟（1991）则研究了位于莱州湾、渤海湾及中央盆地的岩芯沉积物的地球化学特征，沉积记录的研究为渤海的环境及元素含量的背景研究提供了参考。

此外，黄薇文等（1985）对黄河口、刘彬昌等（1990）对滦河口、孟翊和刘苍字（1996）对长江口、周福根（1983）和彭晓彤等（2003）对珠江口等大河河口区的沉积物元素地球化学特征进行了分析，查明了元素地球化学的分布规律，研究了影响其分布的因素和代表的地质意义。

4.2　pH、Eh 和硫化物分布特征

4.2.1　pH、Eh 分布特征

通过对表层沉积物洪、枯两季 pH 空间分布特征研究发现（图 4.1，图 4.2a）：

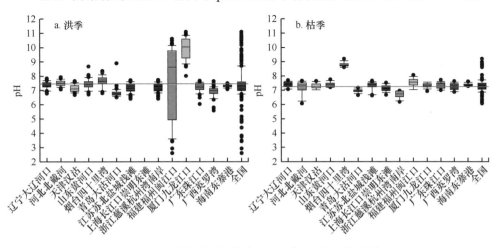

图 4.1　14 个典型潮间带表层沉积物 pH 统计箱式图

横线代表均值，黑点代表异常值

①洪季 pH 为 2.59～11.08，均值±偏差为 7.47±1.08（n=580），多呈弱碱性；最高值出现在厦门九龙江口（9.94±0.74），最低值出现在青岛大沽河口（6.83±0.35）。②枯季 pH 为 6.06～9.19，均值±偏差为 7.34±0.50（n=219），多呈弱碱性；最高值出现在烟台四十里湾（8.80±0.15），最低值出现在浙江慈溪杭州湾南岸（6.67±0.25）。具体各研究区 pH 统计详见表 4.1。

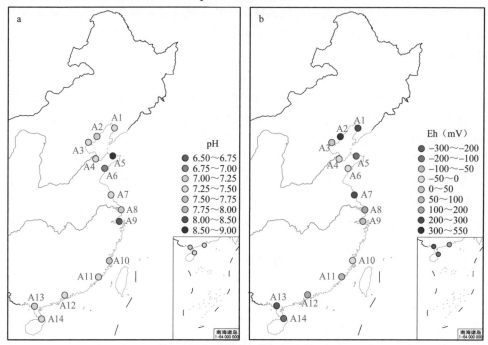

图 4.2　14 个典型潮间带表层沉积物 pH（a）和 Eh（b）空间分布

表 4.1　14 个典型潮间带表层沉积物洪、枯两季 pH 统计表

区域	洪季			枯季		
	样品数	范围	均值±偏差	样品数	范围	均值±偏差
辽宁大辽河口	55	6.77～7.84	7.37±0.26	20	7.06～7.69	7.38±0.20
河北北戴河	36	7.06～7.93	7.50±0.21	12	6.06～7.65	7.20±0.46
天津汉沽	30	6.67～7.64	7.14±0.26	16	7.01～7.63	7.27±0.19
山东黄河口	45	6.70～8.67	7.43±0.36	15	7.19～7.74	7.39±0.16
烟台四十里湾	45	6.79～8.35	7.63±0.38	15	8.60～9.19	8.80±0.15
青岛大沽河口	45	6.50～8.89	6.83±0.35	16	6.64～7.15	6.94±0.12
江苏苏北盐城浅滩	55	6.40～7.70	7.15±0.33	20	6.61～7.65	7.27±0.31
上海长江口崇明东滩				16	6.66～7.51	7.12±0.22
浙江慈溪杭州湾南岸	45	6.40～7.71	7.19±0.31	15	6.17～6.95	6.67±0.25

续表

区域	洪季			枯季		
	样品数	范围	均值±偏差	样品数	范围	均值±偏差
福建福州闽江口	45	2.59～10.60	7.57±2.57	14	7.03～8.05	7.53±0.29
厦门九龙江口	44	8.00～11.08	9.94±0.74	15	6.92～7.55	7.31±0.17
广东珠江口	45	6.03～7.66	7.21±0.33	15	6.99～7.71	7.35±0.22
广西英罗湾	45	5.57～7.62	6.89±0.41	15	6.86～7.62	7.25±0.23
海南东寨港	45	7.06～7.48	7.29±0.11	15	7.27～7.60	7.38±0.08
全国	580	2.59～11.08	7.47±1.08	219	6.06～9.19	7.34±0.50

通过对表层沉积物洪、枯两季 Eh 空间分布特征（图 4.2b，图 4.3）研究发现：①洪季 Eh 为–381～281 mV，均值±偏差为（–68.50±110.61）mV（n=580），广东珠江口的均值最高（37.38 mV），海南东寨港的均值最低（–228.02 mV）；②枯季 Eh 为–381～578 mV，均值±偏差为（55.59±205.79）mV（n=219），河北北戴河的均值最高（516.83 mV），广西英罗湾的均值最低（–255.13 mV）。具体各研究区 Eh 统计详见表 4.2。

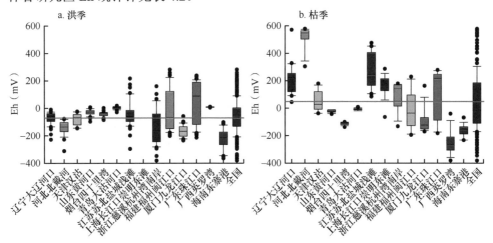

图 4.3　14 个典型潮间带表层沉积物 Eh 统计箱式图

横线代表均值

表 4.2　14 个典型潮间带表层沉积物洪、枯两季 Eh 统计表　　（单位：mV）

区域	洪季			枯季		
	样品数	范围	均值±偏差	样品数	范围	均值±偏差
辽宁大辽河口	55	–229～–10	–72.78±44.21	20	45～571	209.95±113.22
河北北戴河	36	–312～–76	–142.22±50.79	12	304～578	516.83±77.74

续表

区域	洪季			枯季		
	样品数	范围	均值±偏差	样品数	范围	均值±偏差
天津汉沽	30	−146～−23	−79.37±41.57	16	−38～179	47.44±73.31
山东黄河口	45	−96～8	−29.11±21.56	15	−43～−12	−23.33±9.51
烟台四十里湾	45	−85～2	−45.11±16.29	15	−138～−100	−113.6±9.73
青岛大沽河口	45	−29～19	1.96±9.19	16	−20～9	−7.63±7.12
江苏苏北盐城浅滩	55	−296～216	−45.20±96.13	20	85～476	271.15±133.64
上海长江口崇明东滩				16	−64.3～286.2	162.73±77.44
浙江慈溪杭州湾南岸	45	−381～159.7	−138.91±126.48	15	−133.3～179	88.38±97.62
福建福州闽江口	45	−202～281	−16.36±152.99	14	−195～228	−15.93±141.93
厦门九龙江口	44	−236～−58	−169.31±42.50	15	−171～162	−93.87±89.06
广东珠江口	45	−214～238	37.38±151.61	15	−183～278	114.00±171.98
广西英罗湾	45	4.4～10.92	8.41±1.79	15	−381～−40	−255.13±88.06
海南东寨港	45	−365.7～−101	−228.02±73.50	15	−234～−68	−160.93±41.64
全国	580	−381～281	−68.50±110.61	219	−381～578	55.59±205.79

4.2.2 硫化物分布特征

通过对表层沉积物洪、枯两季硫化物含量统计分析发现（图4.4）：①洪季硫化物含量为 0～177.75 mg/kg，均值±偏差为（1.01±8.11）mg/kg（n=606），总体含量较低；最高值出现在天津汉沽（177.75 mg/kg），最高均值也出现在天津

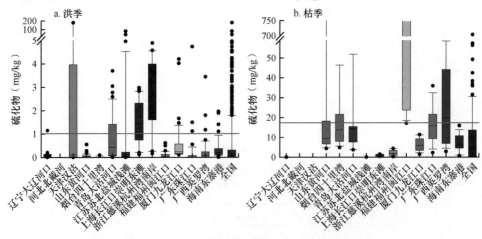

图4.4　14个典型潮间带表层沉积物硫化物含量统计箱式图

横线代表均值

汉沽（7.61 mg/kg）；最低值出现在河北北戴河（未检出）。②枯季硫化物含量为
0～703.96 mg/kg，均值±偏差为（17.23±59.83）mg/kg（$n=215$），含量显著高
于洪季；最高值出现在福建福州闽江口（703.96 mg/kg），最高均值也出现在福建
福州闽江口（129.51 mg/kg）；低值区为辽宁大辽河口、河北北戴河、天津汉沽和
江苏苏北盐城浅滩，均值±偏差均为（0.01±0.01）mg/kg。其余各研究区硫化物
含量详见表 4.3。由于硫化物含量高低与保存环境和测样间隔密切相关，因此硫
化物含量仅供参考。

表 4.3　14 个典型潮间带表层沉积物洪、枯两季硫化物含量统计（单位：mg/kg）

区域	洪季			枯季		
	样品数	范围	均值±偏差	样品数	范围	均值±偏差
辽宁大辽河口	55	0～1.15	0.09±0.15	20	0～0.02	0.01±0.01
河北北戴河	36	0～0		12	0～0.02	0.01±0.01
天津汉沽	29	0～177.75	7.61±32.91	16	0～0.03	0.01±0.01
山东黄河口	45	0.01～0.55	0.07±0.09	15	4.37～235.58	27.31±58.34
烟台四十里湾	45	0.01～0.10	0.02±0.02	15	0～61.68	16.56±14.94
青岛大沽河口	45	0.01～3.69	0.82±0.95	16	0～86.65	16.03±20.01
江苏苏北盐城浅滩	55	0～79.08	2.43±11.79	20	0～0.02	0.01±0.01
上海长江口崇明东滩	43	0.13～2.97	1.49±0.94	11	0～1.48	0.68±0.45
浙江慈溪杭州湾南岸	29	0.16～4.88	2.82±1.49	15	0.25～4.37	2.10±1.38
福建福州闽江口	45	0～0.61	0.09±0.13	15	17.14～703.96	129.51±185.19
厦门九龙江口	44	0～4.20	0.57±0.86	15	0～11.43	6.06±3.58
广东珠江口	45	0.01～4.73	0.22±0.75	15	2.21～35.96	16.65±9.37
广西英罗湾	45	0.01～3.44	0.26±0.59	15	0～60.65	23.9±20.85
海南东寨港	45	0.01～1.96	0.35±0.44	15	0.61～15.95	7.27±4.51

注："0" 代表低于检出限

4.3　常量元素分布特征

通常，将地壳中的 O、Si、Al、Fe、Ca、Mg、Na、K、Ti、Mn、P 等元素
称为常量元素（单位多为%），它们的总质量丰度占 99% 以上。常量元素形成独
立矿物相，其分配行为受相律的控制，遵循化学计量法则。沉积物主要由硅酸盐
矿物、硅铝酸盐矿物、碳酸盐矿物组成，组成沉积物的元素不是以游离态存在的，
通常是组成化合物矿物或者依附于某些矿物组分。因而，它们在沉积物化学成分
中多以氧化物（SiO_2、TiO_2、Al_2O_3、TFe_2O_3、MnO、MgO、CaO、Na_2O、K_2O、
P_2O_5）的质量百分数来表示，并且其含量往往取决于组成沉积物的主要成分。

4.3.1 常量元素含量变化

我国典型潮间带表层沉积物中主要常量元素氧化物的均值含量排序为：$SiO_2 >$ $Al_2O_3 > TFe_2O_3 > K_2O > CaO > Na_2O > MgO > TiO_2 > P_2O_5 > MnO$（表 4.4）。$SiO_2$ 的含量最高，占沉积物组成的一半以上，多以石英砂的形态存在；其次是 Al_2O_3 和 TFe_2O_3，主要赋存于硅铝酸盐和铁锰氧化物中；再次是 K_2O、CaO、Na_2O 和 MgO，Ca 和 Mg 主要赋存于无机/有机成因的碳酸盐岩中，K 主要赋存于黏土矿物、碎屑长石、白云母和海绿石中，Na 常赋存于钠长石等碎屑长石矿物中；TiO_2、P_2O_5 和 MnO 的含量较低，均值小于 1%。

（1）SiO_2 含量

洪季：SiO_2 含量为 45.94% ～ 99.29%，均值 ± 偏差为（70.03±12.17）%（n=621）；广西英罗湾（YL）的 SiO_2 含量最高（均值为 94.63%），天津汉沽（HG）的 SiO_2 含量最低（均值为 51.70%）；自北向南的含量分布曲线类似于正弦函数（图 4.5）。

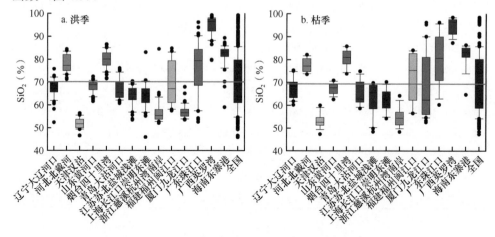

图 4.5　14 个典型潮间带表层沉积物 SiO_2 含量统计箱式图
横线代表均值

枯季：SiO_2 含量为 47.38% ～ 98.48%，均值 ± 偏差为（69.50±12.70）%（n=218）；含量较洪季略低，区域空间分布特征和洪季相似，无显著性差异。

洪、枯两季山东黄河口（DY）、浙江慈溪杭州湾南岸（CX）、上海长江口崇明东滩（DT）的 SiO_2 含量均有明显的由岸向海递增趋势，烟台四十里湾（YT）、青岛大沽河口（QD）、海南东寨港（DZ）和广西英罗湾（YL）的 SiO_2 含量有明显的由岸向海递减趋势。SiO_2 主要赋存于石英砂中，与粒度多呈正相关关系，即

表 4.4　14 个典型潮间带表层沉积物主要常量元素氧化物洪季、枯季含量统计表　　　　　（%）

区域	季节	指标	SiO₂	Al₂O₃	CaO	TFe₂O₃	K₂O	MgO	MnO	Na₂O	P₂O₅	TiO₂
1. 辽宁大辽河口（LH）	洪季（n=55）	范围	52.36~75.76	6.24~17.05	1.54~2.44	1.13~7.58	2.74~4.21	0.69~3.13	0.02~0.26	2.71~3.94	0.04~0.18	0.12~0.89
		均值±偏差	67.65±4.04	12.43±1.74	1.77±0.16	4.02±1.15	3.00±0.19	1.60±0.47	0.11±0.04	3.02±0.22	0.11±0.03	0.68±0.14
	枯季（n=20）	范围	60.15~75.28	9.13~14.55	1.39~2.63	1.98~6.19	2.70~3.09	0.76~2.24	0.05~0.16	2.97~4.06	0.06~0.15	0.39~0.87
		均值±偏差	67.50±4.33	11.85±1.53	1.67±0.25	4.18±1.23	2.87±0.10	1.50±0.41	0.10±0.03	3.30±0.26	0.11±0.02	0.69±0.14
2. 河北北戴河（BDH）	洪季（n=36）	范围	71.18~84.43	5.18~11.59	0.57~5.89	0.73~8.44	2.44~4.50	0.20~0.83	0.02~0.11	2.07~4.20	0.03~0.12	0.07~0.79
		均值±偏差	78.04±3.99	8.22±1.77	1.49±0.99	1.58±1.45	3.45±0.59	0.36±0.15	0.04±0.02	2.98±0.68	0.04±0.02	0.17±0.14
	枯季（n=12）	范围	73.54~82.10	8.45~11.99	0.75~2.47	0.88~2.88	2.87~4.13	0.22~0.74	0.03~0.06	2.28~3.69	0.02~0.08	0.07~0.39
		均值±偏差	77.47±2.91	10.01±1.17	1.39±0.62	1.35±0.56	3.60±0.37	0.40±0.15	0.04±0.01	3.08±0.41	0.04±0.02	0.16±0.09
3. 天津汉沽（HG）	洪季（n=30）	范围	46.48~56.36	13.51~16.16	4.38~7.34	5.28~7.23	2.88~3.23	2.72~3.61	0.14~0.38	2.38~3.68	0.14~0.19	0.59~0.68
		均值±偏差	51.70±2.48	15.01±0.67	4.96±0.50	6.34±0.45	3.04±0.09	3.17±0.20	0.22±0.06	2.75±0.34	0.17±0.01	0.65±0.02
	枯季（n=16）	范围	47.38~59.96	13.45~15.61	4.04~5.12	4.86~6.67	2.84~3.18	2.45~3.35	0.11~0.25	2.19~2.97	0.16~0.20	0.67~0.76
		均值±偏差	53.40±3.27	14.66±0.57	4.57±0.28	5.95±0.52	3.02±0.09	3.02±0.26	0.18±0.04	2.62±0.19	0.18±0.01	0.69±0.02
4. 山东黄河口（DY）	洪季（n=45）	范围	61.56~72.40	9.02~10.42	4.67~7.36	2.73~3.79	1.89~2.20	1.33~2.38	0.06~0.10	2.20~4.53	0.11~0.20	0.49~0.85
		均值±偏差	67.95±2.58	9.77±0.32	5.46±0.47	3.21±0.22	1.99±0.07	1.74±0.25	0.07±0.01	2.89±0.59	0.15±0.02	0.66±0.08
	枯季（n=15）	范围	62.54~70.85	9.63~10.97	4.94~6.56	2.45~3.51	1.95~2.21	1.45~2.21	0.06~0.08	2.12~3.71	0.12~0.18	0.48~0.79
		均值±偏差	67.07±2.39	10.17±0.36	5.63±0.41	3.05±0.27	2.07±0.07	1.86±0.23	0.06±0.01	2.55±0.47	0.15±0.02	0.66±0.08
5. 烟台四十里湾（YT）	洪季（n=44）	范围	71.44~86.56	3.77~13.91	0.33~2.00	0.27~5.45	3.02~4.21	0.06~2.27	0.01~0.18	1.36~4.40	0.02~0.15	0.03~0.78
		均值±偏差	79.92±3.83	6.81±2.43	1.11±0.46	0.71±0.78	3.61±0.31	0.36±0.35	0.02±0.03	2.85±0.74	0.03±0.02	0.12±0.11
	枯季（n=15）	范围	73.78~85.81	4.96~12.53	0.34~1.77	0.29~1.28	3.02~4.75	0.07~0.70	0.01~0.03	1.29~3.49	0.01~0.04	0.04~0.20
		均值±偏差	80.89±3.81	7.73±2.39	1.02±0.39	0.57±0.29	3.63±0.50	0.31±0.19	0.02±0.01	2.40±0.66	0.03±0.01	0.12±0.05

续表

区域	季节	指标	SiO₂	Al₂O₃	CaO	TFe₂O₃	K₂O	MgO	MnO	Na₂O	P₂O₅	TiO₂
6. 青岛大沽河口（QD）	洪季（n=45）	范围	60.66~76.14	9.37~15.46	0.92~1.77	2.34~5.93	2.41~3.12	0.79~2.29	0.07~0.21	2.87~3.72	0.06~0.14	0.57~0.78
		均值±偏差	66.71±4.34	12.8±1.74	1.17±0.25	4.49±1.18	2.77±0.15	1.70±0.48	0.13±0.04	3.17±0.17	0.11±0.03	0.70±0.06
	枯季（n=15）	范围	58.60~74.94	8.90~15.71	0.99~1.69	2.12~5.30	2.57~2.99	0.87~2.36	0.07~0.19	2.66~3.14	0.06~0.13	0.52~0.76
		均值±偏差	65.58±5.31	12.29±2.34	1.23±0.25	3.88±1.27	2.84±0.13	1.69±0.53	0.12±0.04	2.88±0.18	0.10±0.03	0.67±0.07
7. 江苏苏北盐城浅滩（YC）	洪季（n=55）	范围	53.48~70.34	9.58~14.37	5.01~6.94	3.06~5.78	1.80~2.80	1.62~2.90	0.06~0.12	1.88~2.74	0.13~0.25	0.59~1.28
		均值±偏差	63.92±4.36	11.41±1.29	5.85±0.45	4.22±0.63	2.22±0.26	2.11±0.33	0.08±0.01	2.20±0.14	0.18±0.03	0.79±0.14
	枯季（n=20）	范围	48.44~69.78	9.50~15.20	4.99~7.58	3.02~5.92	1.84~3.02	1.62~3.22	0.06~0.15	1.90~2.63	0.14~0.24	0.67~1.25
		均值±偏差	62.94±6.71	11.28±1.80	5.83±0.71	4.04±0.82	2.25±0.36	2.15±0.50	0.08±0.02	2.20±0.16	0.18±0.02	0.80±0.15
8. 上海长江口崇明东滩（DT）	洪季（n=44）	范围	45.94~83.08	9.49~17.57	3.50~4.86	3.33~7.43	1.79~2.99	1.96~3.08	0.06~0.17	1.05~2.00	0.14~0.19	0.72~0.93
		均值±偏差	64.24±6.22	12.41±2.06	4.35±0.31	4.88±1.03	2.28±0.31	2.38±0.27	0.1±0.03	1.63±0.21	0.16±0.01	0.81±0.06
	枯季（n=16）	范围	54.24~70.22	9.51~15.93	3.85~4.71	3.43~6.48	1.94~2.84	2.09~2.98	0.06~0.15	1.30~2.08	0.13~0.19	0.69~0.90
		均值±偏差	62.51±4.63	12.54±1.94	4.25±0.25	4.94±0.95	2.34±0.29	2.47±0.27	0.10±0.03	1.74±0.23	0.16±0.02	0.81±0.06
9. 浙江慈溪杭州湾南岸（CX）	洪季（n=45）	范围	52.10~84.52	11.61~17.33	3.37~4.61	4.41~7.44	2.25~3.20	2.32~3.18	0.08~0.17	1.28~1.80	0.15~0.18	0.80~0.90
		均值±偏差	56.85±5.40	15.71±1.39	3.86±0.24	6.57±0.69	2.93±0.22	2.92±0.21	0.13±0.02	1.45±0.11	0.17±0.01	0.87±0.02
	枯季（n=15）	范围	48.40~64.17	12.05~18.15	3.48~4.22	4.44~7.37	2.31~3.30	2.45~3.47	0.09~0.18	1.39~2.09	0.15~0.17	0.81~0.90
		均值±偏差	54.91±4.08	16.06±1.71	3.89±0.21	6.31±0.81	2.97±0.29	3.07±0.26	0.14±0.02	1.68±0.20	0.16±0.01	0.87±0.02
10. 福建福州闽江口（FZ）	洪季（n=44）	范围	57.42~84.80	6.49~19.49	0.19~0.69	1.90~6.47	3.03~4.32	0.31~1.56	0.04~0.23	0.68~0.96	0.03~0.20	0.36~0.86
		均值±偏差	69.52±9.36	12.89±3.52	0.39±0.12	4.10±1.42	3.39±0.26	0.93±0.41	0.12±0.05	0.80±0.07	0.11±0.05	0.63±0.15
	枯季（n=14）	范围	56.50~84.12	7.17~19.93	0.17~0.51	1.79~6.00	3.10~4.34	0.34~1.48	0.05~0.21	0.77~1.11	0.03~0.17	0.29~0.81
		均值±偏差	72.77±10.58	12.23±4.85	0.35±0.11	3.49±1.61	3.36±0.32	0.79±0.44	0.11±0.06	0.86±0.10	0.09±0.05	0.56±0.16

续表

区域	季节	指标	SiO₂	Al₂O₃	CaO	TFe₂O₃	K₂O	MgO	MnO	Na₂O	P₂O₅	TiO₂
11. 厦门九龙江口 (JL)	洪季 (n=43)	范围	53.50~67.88	11.11~21.44	0.36~4.23	4.05~6.63	2.61~3.12	0.97~1.80	0.10~0.25	0.83~1.47	0.11~0.22	0.60~0.74
		均值±偏差	57.04±2.93	16.39±2.29	0.75±0.56	5.28±0.57	2.85±0.09	1.50±0.21	0.15±0.04	1.15±0.15	0.18±0.03	0.70±0.03
	枯季 (n=15)	范围	52.62~96.26	1.40~20.75	0.05~1.77	0.27~6.60	0.82~7.42	0.03~1.82	0.02~0.24	0.14~1.55	0.01~0.21	0.02~1.11
		均值±偏差	68.60±14.40	13.21±6.72	0.69±0.40	3.75±2.26	3.25±1.37	0.99±0.69	0.11±0.05	0.97±0.46	0.11±0.07	0.54±0.32
12. 广东珠江口 (ZJ)	洪季 (n=45)	范围	52.62~96.16	1.75~18.08	0.05~3.41	0.24~7.50	1.10~8.67	0.03~1.73	0.01~0.30	0.16~1.45	0.01~0.29	0.03~1.26
		均值±偏差	75.83±11.76	9.25±4.78	0.72±0.74	3.25±2.26	3.51±1.82	0.65±0.53	0.09±0.06	0.61±0.25	0.09±0.07	0.53±0.39
	枯季 (n=15)	范围	60.24~96.26	1.40~16.57	0.05~1.77	0.27~6.60	0.82~7.42	0.03~1.51	0.02~0.16	0.14~1.35	0.01~0.18	0.02~1.11
		均值±偏差	80.33±10.91	7.65±5.01	0.55±0.48	2.11±2.13	3.63±1.88	0.42±0.49	0.08±0.05	0.61±0.36	0.06±0.06	0.35±0.37
13. 广西英罗湾 (YL)	洪季 (n=45)	范围	79.62~99.29	0.17~9.10	0.02~0.79	0.09~2.94	0.01~0.73	0.04~0.66	0~0.03	0.06~0.61	0~0.10	0.01~0.53
		均值±偏差	94.63±4.60	1.79±1.92	0.15±0.18	0.66±0.68	0.16±0.17	0.16±0.14	0.01±0.01	0.21±0.10	0.02±0.02	0.15±0.14
	枯季 (n=15)	范围	87.38~98.48	0.30~3.14	0.05~3.38	0.10~4.40	0.02~0.34	0.05~0.30	0.01~0.03	0.19~0.32	0.01~0.13	0.02~0.74
		均值±偏差	94.83±3.63	1.22±0.91	0.37±0.84	0.78±1.20	0.11±0.09	0.14±0.08	0.01±0.01	0.25±0.04	0.03±0.04	0.17±0.21
14. 海南东寨港 (DZ)	洪季 (n=45)	范围	59.02~89.34	3.79~8.38	0.36~15.10	1.29~3.25	1.15~1.87	0.36~0.87	0.02~0.03	0.81~1.21	0.03~0.16	0.37~0.71
		均值±偏差	81.70±5.22	6.08±0.90	1.86±2.86	2.26±0.38	1.63±0.16	0.60±0.09	0.02±0.01	0.99±0.09	0.06±0.02	0.54±0.07
	枯季 (n=15)	范围	64.68~86.40	4.25~7.66	0.32~13.70	1.72~2.81	1.07~1.87	0.43~0.70	0.02~0.03	0.67~1.28	0.05~0.08	0.39~0.71
		均值±偏差	82.09±5.18	5.80±0.92	1.36±3.42	2.21±0.32	1.64±0.20	0.59±0.06	0.02±0.01	0.93±0.18	0.06±0.01	0.59±0.09
全国	洪季 (n=621)	范围	45.94~99.29	0.17~21.44	0.02~15.10	0.09~8.44	0.01~8.67	0.03~3.61	0~0.38	0.06~4.53	0~0.29	0.01~1.28
		均值±偏差	70.03±12.17	10.74±4.46	2.42±2.15	3.66±2.04	2.61±1.05	1.43±0.95	0.09±0.06	1.90±1.06	0.11±0.06	0.58±0.28
	枯季 (n=218)	范围	47.38~98.48	0.30~20.75	0.05~13.70	0.10~7.37	0.02~7.42	0.03~3.47	0.01~0.25	0.14~4.06	0.01~0.24	0.02~1.25
		均值±偏差	69.50±12.70	10.93±4.75	2.45±2.20	3.52±2.03	2.64±1.05	1.47±1.01	0.09±0.06	1.92±0.98	0.11±0.06	0.58±0.28

注: "0" 代表低于检出限

粒度越大，SiO_2 含量越高；因此，SiO_2 含量也间接反映取样站位的水动力强弱。SiO_2 含量在南北空间分布上差异较大，高值区多位于福建福州闽江口（FZ）以南，潮间带的水动力较强。

（2）Al_2O_3 含量

洪季：Al_2O_3 含量为 0.17%～21.44%，均值±偏差为（10.74±4.46）%（n=621）；最高值出现在厦门九龙江口（JL）（均值为 16.39%），最低值出现在广西英罗湾（YL）（均值为 1.79%）。Al_2O_3 和平均粒径（Mz）平面分布特征极其相似，尤其是青岛大沽河口（QD）、福建福州闽江口（FZ）、海南东寨港（DZ）等。

枯季：Al_2O_3 含量为 0.30%～20.75%，均值±偏差为（10.93±4.75）%（n=218）；含量较洪季略高，区域空间分布特征和洪季相似（图 4.6）。除了烟台四十里湾（YT）、青岛大沽河口（QD）、广东珠江口（ZJ）、海南东寨港（DZ），其他研究区 Al_2O_3 多呈现由岸向海的递减趋势。Al_2O_3 主要赋存于细粒硅铝酸盐黏土矿物中，其含量主要受控于 SiO_2 含量，二者呈显著负相关关系。

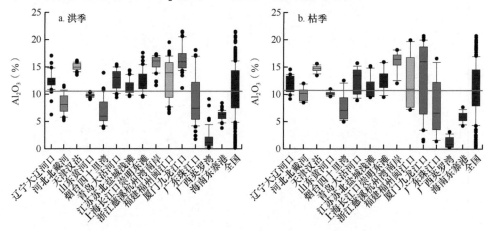

图 4.6　14 个典型潮间带表层沉积物 Al_2O_3 含量统计箱式图
横线代表均值

（3）TFe_2O_3 含量

洪季：TFe_2O_3 含量为 0.09%～8.44%，均值±偏差为（3.66±2.04）%（n=621）；最高值区为浙江慈溪杭州湾南岸（CX）（均值为 6.57%），最低值区为广西英罗湾（YL）（均值为 0.66%）（图 4.7）。

枯季：TFe_2O_3 含量为 0.10%～7.37%，均值±偏差为（3.52±2.03）%（n=218）；含量较洪季稍低，但空间分布没有明显变化。各研究区 TFe_2O_3 与 Al_2O_3 平面分布特征一致。

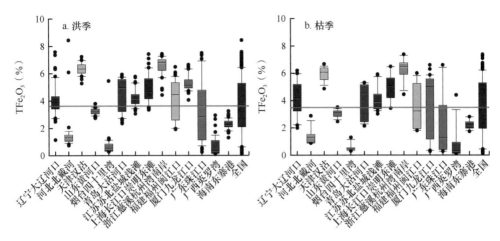

图 4.7　14 个典型潮间带表层沉积物 TFe$_2$O$_3$ 含量统计箱式图

横线代表均值

（4）CaO 含量

洪季：CaO 含量为 0.02% ～ 15.10%，均值 ± 偏差为（2.42±2.15）%（n=621）；江苏苏北盐城浅滩（YC）（均值为 5.85%）和山东黄河口（DY）（均值为 5.46%）含量较高；广西英罗湾（YL）含量最低（均值为 0.15%）；最高值出现在海南东寨港（DZ）（0.36% ～ 15.10%，均值为 1.86%）。

枯季：CaO 含量为 0.05% ～ 13.70%，均值 ± 偏差为（2.45±2.20）%（n=218）；区域分布和极值等变化特征与洪季相似，但含量总体较洪季略高（图 4.8）。除烟台四十里湾（YT）、厦门九龙江口（JL）和广东珠江口（ZJ）外，其他潮间带 CaO 含量均呈现由岸向海递减趋势。

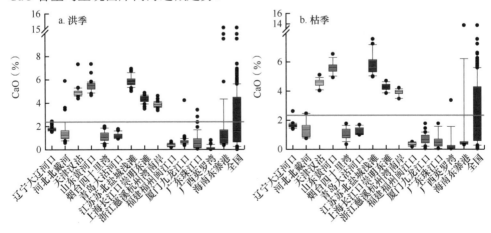

图 4.8　14 个典型潮间带表层沉积物 CaO 含量统计箱式图

横线代表均值

（5）K$_2$O 含量

洪季：K$_2$O 含量为 0.01% ～ 8.67%，均值±偏差为（2.61±1.05）%（n=621）；最高值出现在烟台四十里湾（均值为 3.61%），该区 K$_2$O 含量的离散程度也最高，广西英罗湾的 K$_2$O 含量最低（均值为 0.16%）。

枯季：K$_2$O 含量为 0.02% ～ 7.42%，均值±偏差为（2.64±1.05）%（n=218）；最高值出现于广东珠江口（均值为 3.63%），最低值出现于广西英罗湾（均值为 0.11%）。洪、枯两季 K$_2$O 含量呈现极其相似的分布趋势（图 4.9）。

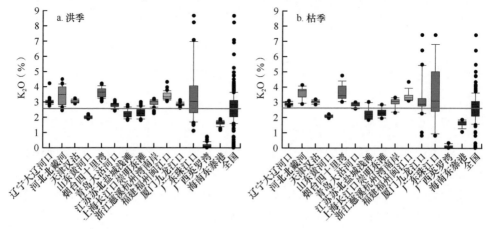

图 4.9　14 个典型潮间带表层沉积物 K$_2$O 含量统计箱式图

横线代表均值

（6）MgO 含量

洪季：MgO 含量为 0.03% ～ 3.61%，均值±偏差为（1.43±0.95）%（n=621）；最高值出现在天津汉沽（均值为 3.17%），最低值出现在广西英罗湾（均值为 0.16%）。

枯季：MgO 含量为 0.03% ～ 3.47%，均值±偏差为（1.47±1.01）%（n=218）；最高值出现于浙江慈溪杭州湾南岸（均值为 3.07%），最低值出现于广西英罗湾（均值为 0.14%）。洪、枯两季呈现极其相似的分布趋势（图 4.10）。

（7）MnO 含量

洪季：MnO 含量为 0 ～ 0.38%，均值±偏差为（0.09±0.06）%（n=621）；最高值出现在天津汉沽（均值为 0.22%），最低值出现在广西英罗湾（均值为 0.01%）。

枯季：MnO 含量为 0.01% ～ 0.25%，均值±偏差为（0.09±0.06）%（n=218）；

最高值出现于天津汉沽（均值为 0.18%），最低值出现于广西英罗湾（均值为 0.01%）。洪、枯两季 MnO 含量呈现极其相似的分布趋势（图 4.11）。

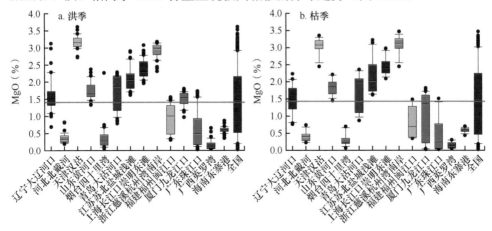

图 4.10　14 个典型潮间带表层沉积物 MgO 含量统计箱式图

横线代表均值

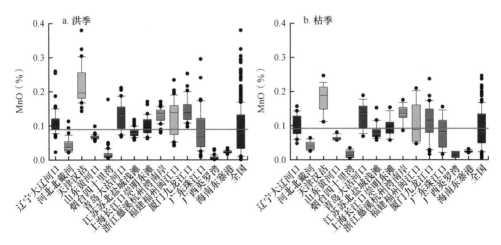

图 4.11　14 个典型潮间带表层沉积物 MnO 含量统计箱式图

横线代表均值

（8）Na₂O 含量

洪季：Na₂O 含量为 0.06% ～ 4.53%，均值±偏差为（1.90±1.06）%（n=621）；高值区分布在青岛大沽河口以北区域（图 4.12），均值为 2.75% ～ 3.17%；从青岛大沽河口向南至广西英罗湾，Na₂O 含量整体上呈递减趋势，广西英罗湾 Na₂O 含量均值为 0.21%。

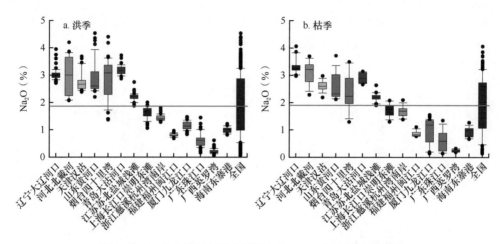

图 4.12　14 个典型潮间带表层沉积物 Na_2O 含量统计箱式图
横线代表均值

枯季：Na_2O 含量为 0.14%～4.06%，均值±偏差为（1.92±0.98）%（$n=218$）；高值区同样出现在青岛大沽河口以北区域，均值为 2.40%～3.30%；从青岛大沽河口向南至广西英罗湾，Na_2O 含量呈降低趋势，广西英罗湾 Na_2O 含量均值为 0.25%。洪、枯两季 Na_2O 含量呈现极其相似的分布趋势。

（9）P_2O_5 含量

洪季：P_2O_5 含量为 0～0.29%，均值±偏差为（0.11±0.06）%（$n=621$）；高值区多出现在河口区，如辽宁大辽河口（均值为 0.11%）、山东黄河口（均值为 0.15%）、上海长江口崇明东滩（均值为 0.16%）、厦门九龙江口（均值为 0.18%）；低值区出现在河北北戴河（均值为 0.04%）、烟台四十里湾（均值为 0.03%）和广西英罗湾（均值为 0.02%），这些区域均为砂质沉积区，沉积物颗粒较粗。

枯季：P_2O_5 含量为 0.01%～0.24%，均值±偏差为（0.11±0.06）%（$n=218$）；枯季 P_2O_5 含量呈现与洪季类似的分布规律（图 4.13）。

（10）TiO_2 含量

洪季：TiO_2 含量为 0.01%～1.28%，均值±偏差为（0.58±0.28）%（$n=621$）；江苏苏北盐城浅滩、上海长江口崇明东滩和浙江慈溪杭州湾南岸的 TiO_2 含量较高，均值分别为 0.79%、0.81% 和 0.87%；低值区出现在河北北戴河（均值为 0.17%）、烟台四十里湾（均值为 0.12%）和广西英罗湾（均值为 0.15%），应与沉积物颗粒较粗有关。

枯季：TiO_2 含量为 0.02%～1.25%，均值±偏差为（0.58±0.28）%（$n=218$）；枯季 TiO_2 含量呈现与洪季类似的分布规律（图 4.14）。

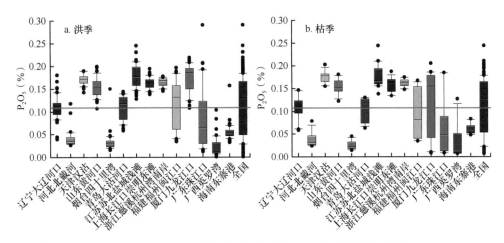

图 4.13 14 个典型潮间带表层沉积物 P_2O_5 含量统计箱式图

横线代表均值

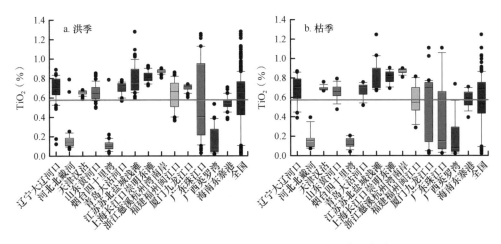

图 4.14 14 个典型潮间带表层沉积物 TiO_2 含量统计箱式图

横线代表均值

4.3.2 常量元素空间分布特征

常量元素受物质来源等因素控制，不同常量元素在空间分布上存在显著性差异。SiO_2 含量在南北空间分布上差异较大，以福建福州闽江口（FZ）为界，南部区域明显大于北部区域，其中广西英罗湾（YL）SiO_2 含量最高（枯季，图 4.15）。SiO_2 主要赋存于石英砂中，与平均粒径（Mz）呈极显著负相关关系，相关系数为-0.69（$P < 0.01$，$n=839$），即颗粒越粗，SiO_2 含量越高。

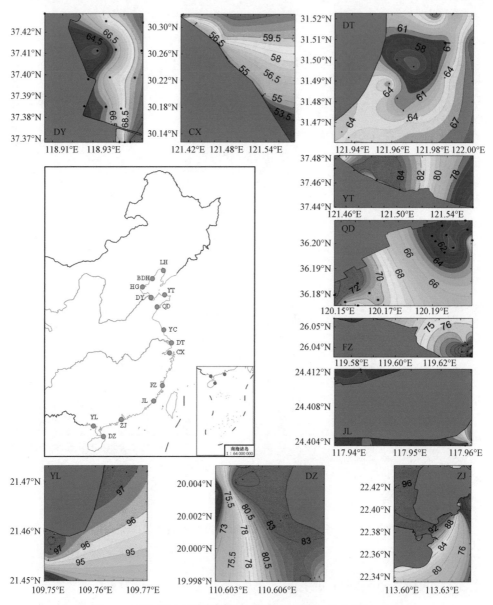

图 4.15　潮间带表层沉积物 SiO$_2$ 含量枯季空间分布特征（%）

实心点为取样点，本书余同

　　SiO$_2$ 含量与其他常量元素氧化物的含量均呈极显著负相关关系，相关系数为 $-0.92 \sim -0.34$（$P < 0.01$，$n=839$；表 4.5），这表明常量元素含量主要受 SiO$_2$ 含量的控制，即常量元素的粒度控制效应明显。Al$_2$O$_3$ 和 TFe$_2$O$_3$ 与 SiO$_2$ 的相关性

最高，相关系数分别为-0.92（$P < 0.01$，$n=839$）和-0.89（$P < 0.01$，$n=839$），且含量在各区域内相对均衡（图 4.16～图 4.19），适合作为背景参比元素；此外，其含量也间接反映取样站位所处的水动力强弱。Al_2O_3 和 TFe_2O_3 与 MgO、MnO、P_2O_5、TiO_2 均呈极显著正相关关系，相关系数为 $0.72～0.88$（$P < 0.01$，$n=839$）；表明 MgO（图 4.20，图 4.21）、MnO、P_2O_5、TiO_2 主要赋存于细粒硅铝酸盐黏土矿物和铁锰氧化物中。

表 4.5　潮间带表层沉积物主要常量元素氧化物之间及其与平均粒径的相关系数

指标	Mz	SiO_2	Al_2O_3	CaO	TFe_2O_3	K_2O	MgO	MnO	Na_2O	P_2O_5
SiO_2	-0.69^{**}									
Al_2O_3	0.67^{**}	-0.92^{**}								
CaO	0.24^{**}	-0.51^{**}	0.25^{**}							
TFe_2O_3	0.68^{**}	-0.89^{**}	0.89^{**}	0.37^{**}						
K_2O	0.30^{**}	-0.37^{**}	0.45^{**}	-0.09^{*}	0.17^{**}					
MgO	0.67^{**}	-0.87^{**}	0.75^{**}	0.65^{**}	0.88^{**}	0.09^{**}				
MnO	0.68^{**}	-0.82^{**}	0.83^{**}	0.19^{**}	0.86^{**}	0.29^{**}	0.73^{**}			
Na_2O	0.19^{**}	-0.34^{**}	0.26^{**}	0.33^{**}	0.10^{**}	0.34^{**}	0.30^{**}	0.14^{**}		
P_2O_5	0.61^{**}	-0.86^{**}	0.79^{**}	0.57^{**}	0.86^{**}	0.04	0.84^{**}	0.71^{**}	0.15^{**}	
TiO_2	0.56^{**}	-0.74^{**}	0.72^{**}	0.44^{**}	0.86^{**}	0.01	0.76^{**}	0.63^{**}	0.09^{**}	0.86^{**}

注："**"表示具有极显著性差异，即 $P < 0.01$；"*"表示具有显著性差异，即 $P < 0.05$；Mz 为平均粒径

CaO、K_2O、Na_2O 含量无统一变化规律，如 CaO 的含量组团分布特征明显，天津汉沽（HG）、山东黄河口（DY）、江苏苏北盐城浅滩（YC）、上海长江口崇明东滩（DT）、浙江慈溪杭州湾南岸（CX）处于同一含量组团，其他区域处于另一含量组团。K_2O 具有明显区域性差异特征（图 4.22，图 4.23）；Na_2O 含量总体由北向南呈逐渐降低的趋势，青岛大沽河口（QD）平均含量最高，洪季和枯季分别为 3.17% 和 2.88%。K_2O、TiO_2、MgO 和 P_2O_5 的含量在浙江慈溪杭州湾南岸（CX）以北各区域相当，以南各区域含量变化差异较大。

洪、枯两季常量元素差异性：同种元素洪季含量范围变化较大，而枯季含量相对集中。其中，Al_2O_3、CaO、K_2O、MgO、Na_2O 枯季含量略高于洪季含量，SiO_2、TFe_2O_3 洪季含量略高于枯季含量，而 MnO、P_2O_5、TiO_2 含量保持不变。垂岸向常量元素分布特征：除了烟台四十里湾、青岛大沽河口、广东珠江口、海南东寨港，其他潮间带 Al_2O_3、K_2O、TFe_2O_3、MgO、CaO 等含量均呈由岸向海递减趋势，其空间分布和 Mz 空间分布相似。

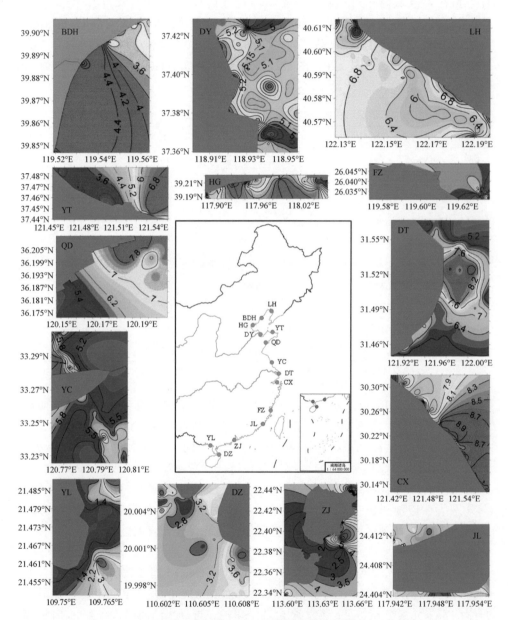

图 4.16　潮间带表层沉积物 Al 含量洪季空间分布特征（%）

$$Al_2O_3 \text{ 含量} = Al \text{ 元素含量} \times \frac{102}{54}$$

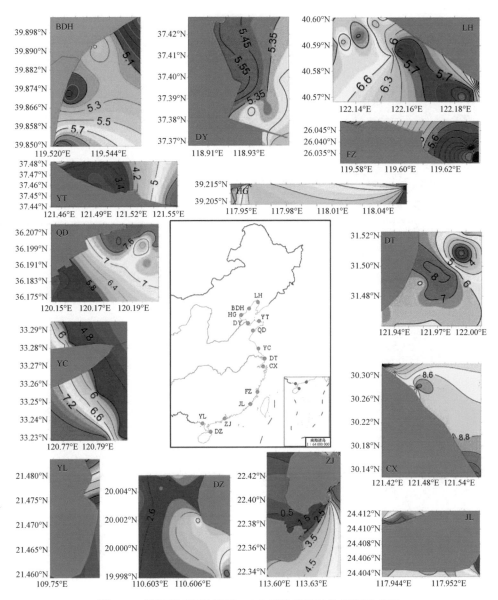

图 4.17　潮间带表层沉积物 Al 含量枯季空间分布特征（%）

$$Al_2O_3 \text{ 含量} = Al \text{ 元素含量} \times \frac{102}{54}$$

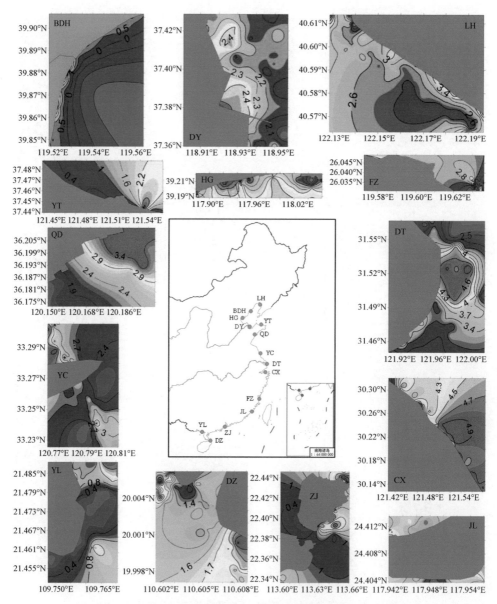

图 4.18　潮间带表层沉积物 Fe 含量洪季空间分布特征（%）

$$\mathrm{Fe_2O_3}\ 含量 = \mathrm{Fe}\ 元素含量 \times \frac{160}{112}$$

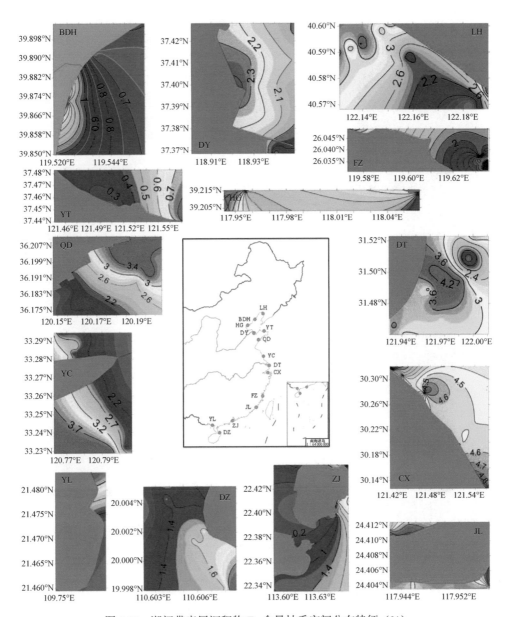

图 4.19　潮间带表层沉积物 Fe 含量枯季空间分布特征（%）

$$Fe_2O_3\ 含量 = Fe\ 元素含量 \times \frac{160}{112}$$

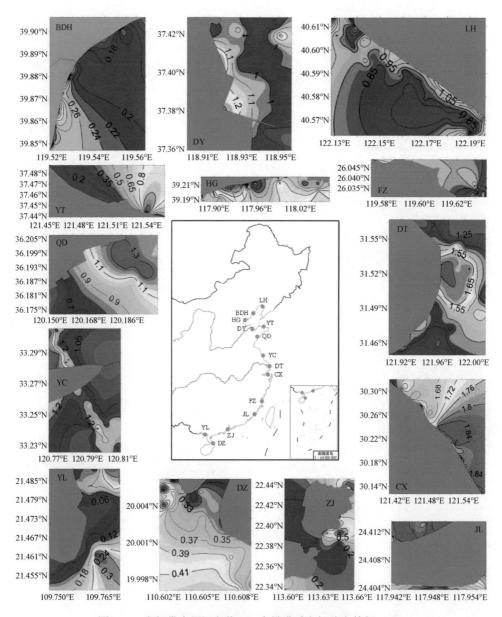

图 4.20　潮间带表层沉积物 Mg 含量洪季空间分布特征（%）

$$MgO\ 含量 = Mg\ 元素含量 \times \frac{40}{24}$$

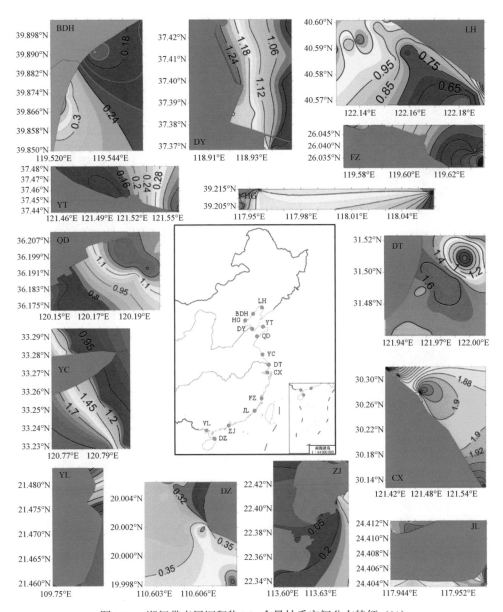

图 4.21　潮间带表层沉积物 Mg 含量枯季空间分布特征（%）

$$MgO \text{ 含量} = Mg \text{ 元素含量} \times \frac{40}{24}$$

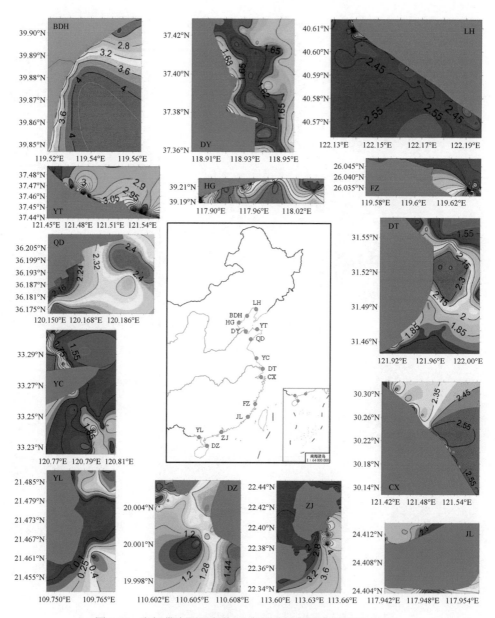

图 4.22 潮间带表层沉积物 K 含量洪季空间分布特征（%）

$$K_2O\ 含量 = K\ 元素含量 \times \frac{94}{78}$$

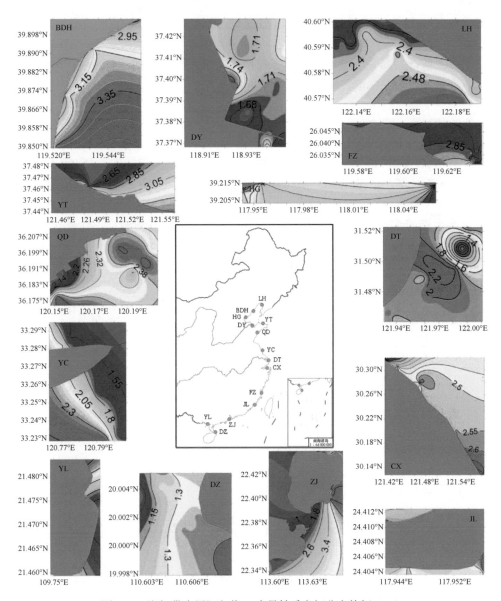

图 4.23　潮间带表层沉积物 K 含量枯季空间分布特征（%）

$$K_2O \text{ 含量} = K \text{ 元素含量} \times \frac{94}{78}$$

4.4　微量元素分布特征

与同位素相似，微量元素起到了指示流动量和运移的作用，正如化学工程中的放射示踪一样，是地质示踪剂。鉴于自然过程总趋向于达到不同尺度的平衡，元素在平衡条件下相互共存，各相间的分配取决于元素及矿物的晶体化学性质（内因）和物理化学条件（外因）。而微量元素在自然界中浓度极低，不能形成独立矿物。因此，微量元素的分配不受相律和化学计量的限制，而是服从稀溶液定律，即分配达到平衡时，微量元素在各相间的化学位相等。

4.4.1　微量元素含量变化

我国典型潮间带表层沉积物中主要微量元素[①]的均值含量排序为（表4.6）：Ba（钡）＞Zr（锆）＞Sr（锶）＞V（钒）＞Li（锂）＞Ni（镍）＞Th（钍）＞Co（钴）＞Sc（钪）＞U（铀），洪、枯季节除 Co 外，其余元素含量差异不大。我国典型潮间带表层沉积物中微量元素 Ba、Zr 和 Sr 的含量较高，均值含量超过100 mg/kg，其中 Ba 洪季、枯季均值±偏差含量分别高达（488.32±297.83）mg/kg（n=621）和（481.02±287.16）mg/kg（n=218）；V、Li、Ni、Th、Co 的均值含量为 10～100 mg/kg；Sc、U 的均值含量较低，小于 10 mg/kg。

受流域风化和人类活动等因素干预，不同微量元素在空间分布上存在显著性差异。Ba 含量以福建福州闽江口（FZ）为界，Sr 含量以江苏苏北盐城浅滩（YC）为界，界线以北各区域含量明显大于界线以南各区域；Zr、Li、Co、Sc、V、Ni等元素含量在各区域间分布较均衡，未呈现明显的地域分布规律；Th 含量在福建福州闽江口（FZ）、厦门九龙江口（JL）和广东珠江口（ZJ）较高且数据较为离散，南北两侧含量较低。

4.4.2　微量元素空间分布特征

（1）Ba 含量分布特征

洪季：Ba 含量为 2.56～1848.64 mg/kg，均值±偏差为（488.32±297.83）mg/kg（n=621）；烟台四十里湾的 Ba 含量最高（均值为 1322.98 mg/kg），广西英罗湾的Ba 含量最低（均值为 27.66 mg/kg）。福建福州闽江口以北区域（除烟台四十里湾外），Ba 含量相对稳定，均值为 404.36～616.74 mg/kg；福建福州闽江口以南区域，Ba 含量相对偏低，厦门九龙江口、广东珠江口、广西英罗湾和海南东寨港的 Ba 含量均值分别为 370.79 mg/kg、316.35 mg/kg、27.66 mg/kg 和 264.73 mg/kg（表 4.6，图 4.24）。

---

①此处不讨论重金属元素，将其放在第 6 章讨论。

表 4.6　14 个典型潮间带表层沉积物主要微量元素洪季、枯季含量统计表

（单位：mg/kg）

区域	季节	指标	Ba	Sr	V	Zr	Li	Sc	Co	Ni	Th	U
1. 辽宁大辽河口（LH）	洪季（n=55）	范围	458.13~1775.50	145.82~461.99	19.78~122.40	142.06~605.25	0.78~74.99	2.06~16.42	3.62~19.35	6.23~48.34	2.39~15.33	0.58~2.34
		均值±偏差	590.24±166.98	220.31±37.55	69.94±17.86	319.40±96.98	29.45±11.43	9.73±2.69	10.92±2.77	24.84±7.62	10.01±2.42	1.70±0.32
	枯季（n=20）	范围	495.80~652.20	181.00~226.70	34.84~96.99	193.20~588.9	8.76~45.67	4.37~12.27	6.09~15.75	11.04~35.55	5.64~15.47	1.06~2.58
		均值±偏差	554.6±40.20	207.55±13.64	67.02±17.03	309.12±110.96	25.94±9.87	8.29±2.36	10.78±2.62	23.14±6.74	10.82±2.79	1.92±0.41
2. 河北北戴河（BDH）	洪季（n=36）	范围	493.30~749.97	153.80~429.20	12.86~112.20	57.33~2463.62	2.54~13.66	2.38~13.79	1.79~7.60	2.94~21.21	2.45~50.82	0.52~9.81
		均值±偏差	616.03±75.76	233.96±60.05	24.99±19.31	243.64±486.02	7.54±3.41	3.97±2.43	3.21±1.12	5.34±3.00	7.06±9.32	1.38±1.95
	枯季（n=12）	范围	551.82~678.69	193.04~360.29	11.95~48.76	40.87~373.90	7.55~15.16	1.59~7.56	2.28~4.71	4.08~15.12	2.77~8.69	0.54~2.13
		均值±偏差	621.55±39.17	245.45±49.02	20.97±10.47	137.22±101.15	10.91±2.10	3.01±1.61	3.10±0.80	6.14±3.12	4.95±2.12	1.07±0.52
3. 天津汉沽（HG）	洪季（n=30）	范围	453.50~509.55	176.90~266.90	89.59~114.80	117.55~168.83	48.4~63.47	13.27~17.09	14.46~19.32	31.45~45.4	13.08~16.48	1.82~2.20
		均值±偏差	481.47±11.81	194.39±16.59	104.14±6.44	140.70±14.11	56.44±4.03	15.30±0.99	17.41±1.16	40.25±3.19	14.85±0.95	1.99±0.10
	枯季（n=16）	范围	431.10~514.70	184.01~218.21	87.47~115.98	132.80~259.90	46.79~69.50	11.96~16.78	13.65~19.71	32.06~48.73	10.58~14.75	1.72~1.99
		均值±偏差	477.51±20.78	197.52±9.27	102.22±7.26	160.57±38.02	58.56±5.91	14.35±1.17	16.76±1.57	40.14±4.23	12.78±0.95	1.82±0.08
4. 山东黄河口（DY）	洪季（n=45）	范围	411.29~570.78	197.18~298.02	52.38~72.64	281.46~1073.10	16.3~28.82	5.28~10.34	7.05~10.68	15.74~24.46	7.81~20.81	1.89~4.83
		均值±偏差	448.69±29.25	212.48±15.34	62.43±4.41	525.17±184.97	21.95±3.10	8.84±0.94	8.24±0.63	18.82±1.85	12.91±3.12	2.85±0.67
	枯季（n=15）	范围	405.00~504.90	206.91~267.12	51.35~69.81	331.00~577.10	20.12~29.00	8.02~11.63	8.17~10.94	18.98~26.69	4.88~10.94	1.06~2.30
		均值±偏差	438.10±25.17	222.45±16.34	63.45±5.06	445.64±89.73	23.41±2.65	9.78±0.95	8.91±0.63	22.40±1.97	7.38±1.60	1.58±0.33

续表

区域	季节	指标	Ba	Sr	V	Zr	Li	Sc	Co	Ni	Th	U
5. 烟台四十里湾 (YT)	洪季 (n=44)	范围	524.28~1848.64	194.28~501.03	4.02~93.10	42.47~216.77	0.09~38.79	0.64~10.58	0.67~14.13	0.91~34.27	1.11~10.04	0.20~1.72
		均值±偏差	1322.98±301.42	309.34±73.98	12.16±13.21	75.33±36.06	2.37±5.71	1.88±1.67	2.01±2.07	4.50±5.00	2.14±1.31	0.39±0.26
	枯季 (n=15)	范围	970.30~1721.00	254.32~463.27	6.53~21.10	50.88~183.20	0.78~5.94	0.84~3.58	0.78~4.34	1.52~8.53	1.22~3.49	0.20~0.78
		均值±偏差	1313.55±276.60	319.82±70.02	11.30±4.11	95.90±41.31	2.70±1.75	1.98±0.73	1.89±1.23	4.16±2.36	2.26±0.66	0.43±0.19
6. 青岛大沽河口 (QD)	洪季 (n=45)	范围	516.71~1033.71	146.11~356.06	47.5~106.13	160.99~718.08	10.47~47.08	5.10~13.60	7.19~18.50	12.84~41.39	7.63~21.12	1.66~3.71
		均值±偏差	616.74±145.24	193.88±59.25	82.04±19.12	285.57±161.44	32.11±11.21	9.82±2.71	13.79±3.64	29.75±9.23	14.87±3.78	2.75±0.55
	枯季 (n=15)	范围	483.70~895.90	152.81~339.16	52.20~106.50	122.10~617.50	8.54~53.84	5.12~14.11	7.72~17.04	14.64~39.41	7.30~12.65	1.67~2.30
		均值±偏差	606.32±142.81	213.75±68.15	78.44±19.86	304.76±176.03	32.88±18.06	8.66±3.21	12.90±3.38	28.93±9.10	10.46±1.79	2.00±0.16
7. 江苏苏北盐城浅滩 (YC)	洪季 (n=55)	范围	367.60~432.64	182.90~224.00	59.51~101.92	179.77~2008.07	19.61~49.69	8.94~14.41	7.77~17.42	18.33~39.15	10.35~36.77	1.94~7.86
		均值±偏差	404.36±15.77	201.21±8.89	79.6±10.00	538.33±351.15	31.02±8.09	11.59±1.32	11.22±2.39	25.76±5.43	16.26±4.47	3.21±1.12
	枯季 (n=20)	范围	372.90~437.30	183.16~219.62	64.87~113.63	135.80~1997.00	21.29~61.35	8.02~15.48	7.54~17.73	18.75~44.06	11.02~30.56	1.97~6.83
		均值±偏差	406.14±16.79	201.22±9.84	82.76±13.64	608.63±473.67	34.07±13.05	11.57±1.83	10.82±3.25	26.61±8.09	15.19±4.61	3.09±1.23
8. 上海长江口崇明东滩 (DT)	洪季 (n=44)	范围	371.37~491.95	132.21~176.85	67.96~135.72	156.47~498.07	22.61~71.09	9.47~17.52	9.61~21.39	20.5~51.22	10.12~19.43	2.11~3.44
		均值±偏差	432.31±29.42	157.78±12.16	92.21±18.20	254.34±84.95	40.93±12.2	12.61±2.15	14.31±2.93	32.66±7.58	13.05±1.87	2.61±0.27
	枯季 (n=16)	范围	381.50~448.87	142.61~190.33	70.46~125.76	160.80~435.60	22.64~63.43	9.31~15.18	9.62~18.90	22.17~46.31	9.02~13.41	1.80~2.59
		均值±偏差	411.79±19.82	160.61±13.51	95.8±17.36	238.31±68.06	41.9±12.22	11.81±1.86	14.14±2.89	33.92±7.49	11.08±1.35	2.25±0.23

续表

区域	季节	指标	Ba	Sr	V	Zr	Li	Sc	Co	Ni	Th	U
9. 浙江慈溪杭州湾南岸（CX）	洪季（n=45）	范围	410.67~483.37	129.64~174.35	85.87~137.79	145.92~265.99	39.14~76.79	11.77~18.67	12.49~21.46	29.26~52.51	12.21~17.11	2.35~2.84
		均值±偏差	462.2±16.12	141.55±8.53	123.31±12.90	173.61±25.26	65.30±8.56	16.44±1.75	18.85±2.06	46.1±5.44	15.57±1.22	2.64±0.16
	枯季（n=15）	范围	396.38~463.20	136.62~160.45	90.06~145.80	150.50~241.71	41.65~83.34	10.94~17.94	13.39~22.55	33.09~62.18	10.55~13.73	2.12~2.37
		均值±偏差	442.23±18.63	147.20±5.71	126.54±16.17	174.79±25.77	68.11±11.53	15.50±1.83	19.26±2.55	48.41±7.52	12.48±0.94	2.24±0.07
10. 福建福州闽江口（FZ）	洪季（n=44）	范围	449.70~644.20	62.84~87.73	20.35~99.96	167.80~917.44	17.97~63.92	3.62~13.44	5.04~15.81	5.01~31.32	12.07~40.11	2.07~7.13
		均值±偏差	513.84±40.41	77.97±5.64	62.97±27.06	366.75±180.98	39.76±13.57	8.20±2.60	10.49±3.80	18.18±8.97	23.20±6.42	4.16±1.21
	枯季（n=14）	范围	480.40~646.26	68.33~85.22	23.58~101.61	144.60~618.50	18.56~69.08	3.70~14.02	4.56~16.47	5.40~32.58	10.88~31.96	1.99~5.16
		均值±偏差	533.66±39.89	76.44±5.33	54.34±27.72	337.02±129.06	37.52±19.30	7.76±3.88	8.81±4.28	15.14±10.27	19.99±6.58	3.67±1.00
11. 厦门九龙江口（JL）	洪季（n=43）	范围	335.30~393.49	66.86~168.20	67.00~104.26	135.09~352.07	28.92~71.76	6.96~14.41	10.47~16.00	16.26~33.45	21.13~45.98	4.05~6.83
		均值±偏差	370.79±12.11	82.97±14.64	90.51±8.11	193.10±51.84	50.64±9.55	10.19±1.65	14.03±1.37	27.05±3.89	27.79±3.61	5.20±0.57
	枯季（n=15）	范围	365.90~401.10	71.62~102.80	63.12~99.91	142.30~266.40	42.02~68.30	8.83~13.84	10.20~16.43	15.03~31.65	18.10~29.92	3.19~5.16
		均值±偏差	383.18±11.27	87.75±8.99	89.43±9.13	195.98±37.69	59.51±6.59	11.88±1.27	14.58±1.55	27.13±3.90	25.3±3.00	4.41±0.50
12. 广东珠江口（ZJ）	洪季（n=45）	范围	64.13~715.60	17.54~156.88	2.15~153.38	41.61~1471.18	2.38~67.11	1.69~16.53	0.45~25.40	0.85~58.38	2.98~96.21	0.93~11.25
		均值±偏差	316.35±169.73	67.97±36.65	55.33±48.70	277.80±300.88	25.73±19.84	7.36±4.34	9.65±7.55	20.08±17.69	20.95±16.96	4.01±2.75
	枯季（n=15）	范围	32.05~702.40	14.19~145.00	3.71~134.88	51.42~903.30	0.91~58.39	0.82~14.88	1.86~362.60	3.26~44.80	3.13~31.38	0.90~6.25
		均值±偏差	288.17±193.37	58.62±36.90	36.06±42.40	213.41±216.15	16.91±17.36	4.98±4.42	157.63±138.88	16.72±14.01	15.86±9.83	3.05±1.91

续表

区域	季节	指标	Ba	Sr	V	Zr	Li	Sc	Co	Ni	Th	U
13. 广西英罗湾 (YL)	洪季 (n=45)	范围	2.56~109.30	2.11~48.54	1.67~48.56	21.03~899.68	3.52~42.24	0.44~5.49	0.14~11.15	0.43~26.25	0.5~11.66	0.23~2.97
		均值±偏差	27.66±27.4	11.57±10.77	11.65±10.81	248.50±252.12	10.48±8.13	2.01±1.16	1.53±1.98	4.22±5.05	3.16±2.94	1.15±0.79
	枯季 (n=15)	范围	2.13~61.52	2.86~126.90	0.50~64.00	17.83~782.30	3.59~12.67	0.48~4.71	0.18~14.15	0.44~29.31	0.57~6.76	0.25~2.62
		均值±偏差	20.84±20.97	19.49±30.54	13.39±17.77	266.8±260.19	6.98±3.18	1.52±1.09	1.96±3.65	4.47±7.70	2.52±2.08	1.00±0.76
14. 海南东寨港 (DZ)	洪季 (n=45)	范围	176.18~300.94	57.51~601.52	26.18~54.58	245.42~908.89	13.32~35.12	3.43~7.32	3.43~8.39	5.33~16.40	5.97~16.35	1.53~4.44
		均值±偏差	264.73±29.59	120.22±107.02	39.30±6.14	540.55±140.02	22.80±3.76	5.44±0.75	5.94±0.92	10.82±2.06	11.76±2.33	2.64±0.51
	枯季 (n=15)	范围	164.70~319.90	59.49~632.34	29.14~50.26	369.80~688.4	12.86~26.15	3.81~6.21	4.39~6.70	7.97~12.57	6.59~14.95	1.80~3.43
		均值±偏差	268.95±39.08	109.72±144.74	39.18±6.85	518.77±83.80	19.82±3.25	4.77±0.65	5.96±0.65	10.64±1.43	11.60±2.01	2.76±0.44
全国	洪季 (n=621)	范围	2.56~1848.64	2.11~601.52	1.67~153.38	21.03~2463.62	0.09~76.79	0.44~18.67	0.14~25.4	0.43~58.38	0.50~96.21	0.20~11.25
		均值±偏差	488.32±297.83	158.83±88.86	64.95±37.18	308.24±255.22	30.84±19.70	8.79±4.69	10.06±5.90	21.94±14.14	13.84±9.01	2.64±1.62
	枯季 (n=218)	范围	2.13~1721.00	2.86~632.34	0.50~145.80	17.83~1997.00	0.78~83.34	0.48~17.94	0.18~362.60	0.44~62.18	0.57~31.96	0.20~6.83
		均值±偏差	481.02±287.16	163.33±92.27	64.27±37.78	295.41±235.78	31.69±21.89	8.46±4.79	20.36±51.84	22.46±14.49	11.74±7.02	2.26±1.26

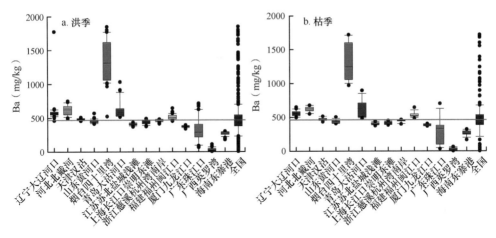

图 4.24 14 个典型潮间带表层沉积物 Ba 含量统计箱式图

横线代表均值

枯季：Ba 含量为 2.13～1721.00 mg/kg，均值±偏差为（481.02±287.16）mg/kg（n=218）；总体含量较洪季略低，但区域空间分布特征和洪季相似，差异性不明显（图 4.24）。

Ba 与 Sr 的相关系数高达 0.73（$P < 0.01$；n=839），呈极显著正相关关系；Ba 与 Al_2O_3、SiO_2、Mz 的相关系数分别为 0.12（$P < 0.01$；n=839）、−0.09（$P < 0.05$；n=839）和 0.25（$P < 0.01$；n=839）（表 4.7），相关程度较低，其赋存受粒度影响不大。

表 4.7 潮间带表层沉积物微量元素之间及其与主要常量元素氧化物和 Mz 的相关系数

元素	Ba	Sr	V	Zr	Li	Sc	Co	Ni	Th	U
Sr	0.73**									
V	−0.15**	−0.02								
Zr	−0.20**	0.04	0.04							
Li	−0.22**	−0.21**	0.92**	−0.14**						
Sc	−0.16**	0.01	0.96**	0.05	0.91**					
Co	−0.13**	−0.14**	0.08*	−0.08*	0.09*	0.07*				
Ni	−0.13**	−0.01	0.97**	−0.10**	0.91**	0.95**	0.15**			
Th	−0.23**	−0.28**	0.53**	0.36**	0.55**	0.51**	0.10**	0.42**		
U	−0.31**	−0.33**	0.44**	0.50**	0.44**	0.41**	0.08*	0.32**	0.94**	
Al_2O_3	0.12**	0.12**	0.86**	−0.12**	0.86**	0.84**	0.05	0.82**	0.59**	0.46**
SiO_2	−0.09*	−0.24**	−0.89**	0.07	−0.83**	−0.88**	−0.04	−0.86**	−0.51**	−0.40**
Mz	0.25**	0.13**	0.68**	−0.18**	0.66**	0.66**	0.13**	0.68**	0.35**	0.26**
CaO	−0.05	0.47**	0.43**	0.21**	0.27**	0.52**	−0.02	0.42**	0.01	−0.01

注："**"表示具有极显著性差异，即 $P < 0.01$；"*"表示具有显著性差异，即 $P < 0.05$；Mz 为平均粒径

（2）Sr 含量

洪季：Sr 含量为 2.11 ～ 601.52 mg/kg，均值±偏差为（158.83±88.86）mg/kg（n=621）；高值区多位于江苏苏北盐城浅滩以北区域，其中烟台四十里湾的 Sr 含量最高，为（309.34±73.98）mg/kg。自江苏苏北盐城浅滩向南，Sr 含量持续降低，至广西英罗湾 Sr 含量均值±偏差降低至（11.57±10.77）mg/kg（图 4.25）。

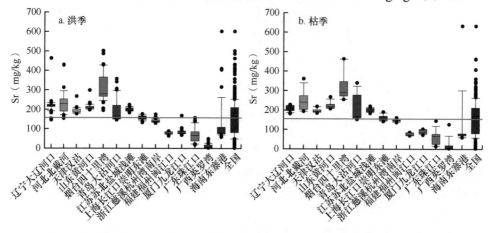

图 4.25　14 个典型潮间带表层沉积物 Sr 含量统计箱式图
横线代表均值

枯季：Sr 含量为 2.86 ～ 632.34 mg/kg，均值±偏差为（163.33±92.27）mg/kg（n=218）；含量较洪季稍高，但空间分布特征一致。

Sr 与 CaO 的相关系数为 0.47（$P < 0.01$；n=839），呈极显著正相关关系；而 Sr 与 Al_2O_3、SiO_2、Mz、V、Zr、Li 等的相关系数为 –0.33 ～ 0.13，相关性较低。这表明 Sr 含量受粒度影响不大，而与 CaO 的赋存有关。

（3）V 含量

洪季：V 含量为 1.67 ～ 153.38 mg/kg，均值±偏差为（64.95±37.18）mg/kg（n=621）；最高值区为浙江慈溪杭州湾南岸，均值±偏差为（123.31±12.90）mg/kg（图 4.26），低值区为河北北戴河［（24.99±19.31）mg/kg］、烟台四十里湾［（12.16±13.21）mg/kg］和广西英罗湾［（11.65±10.81）mg/kg］，这些低值区均为砂质沉积区。

枯季：V 含量为 0.50 ～ 145.80 mg/kg，均值±偏差为（64.27±37.78）mg/kg（n=218）；含量较洪季稍低，但空间分布没有明显变化。V 含量分布和 Al_2O_3 含量分布特征相似（图 4.6，图 4.26）。

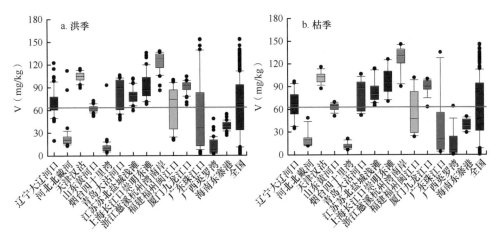

图 4.26　14 个典型潮间带表层沉积物 V 含量统计箱式图

横线代表均值

V 与 Al_2O_3、Li、Sc、Ni 的相关系数分别为 0.86（$P<0.01$；$n=839$）、0.92（$P<0.01$；$n=839$）、0.96（$P<0.01$；$n=839$）、0.97（$P<0.01$；$n=839$），均呈极显著正相关关系；V 与 SiO_2 的相关系数为 -0.89（$P<0.01$；$n=839$），呈极显著负相关关系，这表明其赋存主要受控于细粒硅铝酸盐黏土矿物。

（4）Zr 含量

洪季：Zr 含量为 21.03 ～ 2463.62 mg/kg，均值±偏差为（308.24±255.22）mg/kg（$n=621$）；最高值区为海南东寨港 [（540.55±140.02）mg/kg]，最低值区为烟台四十里湾 [（75.33±36.06）mg/kg]（图 4.27）。

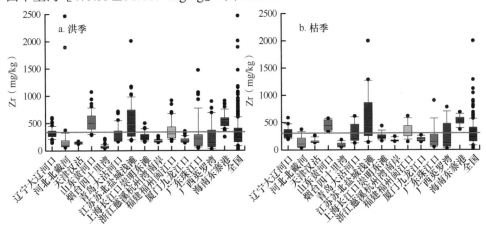

图 4.27　14 个典型潮间带表层沉积物 Zr 含量统计箱式图

横线代表均值

枯季：Zr 含量为 17.83 ～ 1997.00 mg/kg，均值±偏差为（295.41±235.78）mg/kg（n=218）；含量较洪季稍低，但空间分布特征没有明显变化。

Zr 与 Al_2O_3、SiO_2、Mz 的相关系数分别为–0.12（$P < 0.01$；n=839）、0.07（$P >$ 0.05；n=839）和–0.18（$P < 0.01$；n=839），相关程度较低；而 Zr 与 Th 和 U 有较好的正相关关系，相关系数分别为 0.36（$P < 0.01$；n=839）和 0.50（$P < 0.01$；n=839）。尽管 Zr 多赋存于粗粒锆石矿物中，但本研究表明 Zr 含量受粒度影响不大。

（5）Li 含量

洪季：Li 含量为 0.09 ～ 76.79 mg/kg，均值±偏差为（30.84±19.7）mg/kg（n=621）；最高值区为浙江慈溪杭州湾南岸 [（65.30±8.56）mg/kg]（图 4.28），低值区为河北北戴河 [（7.54±3.41）mg/kg]、烟台四十里湾 [（2.37±5.71）mg/kg] 和广西英罗湾 [（10.48±8.13）mg/kg]，这些低值区均为砂质沉积区。

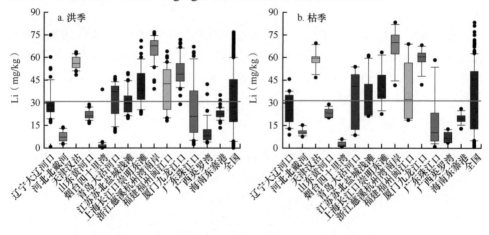

图 4.28　14 个典型潮间带表层沉积物 Li 含量统计箱式图
横线代表均值

枯季：Li 含量为 0.78 ～ 83.34 mg/kg，均值±偏差为（31.69±21.89）mg/kg（n=218）；含量较洪季稍高，但空间分布较洪季没有明显变化。Li 含量分布和 Al_2O_3 含量分布特征相似（图 4.6，图 4.28）。

Li 与 Al_2O_3、V、Sc、Ni 的相关系数分别为 0.86（$P <$ 0.01；n=839）、0.92（$P <$ 0.01；n=839）、0.91（$P < 0.01$；n=839）、0.91（$P < 0.01$；n=839），均呈极显著正相关关系；Li 与 SiO_2 的相关系数为–0.83（$P < 0.01$；n=839），呈极显著负相关关系，这表明 Li 的赋存主要受控于细粒硅铝酸盐黏土矿物。

（6）Sc 含量

洪季：Sc 含量为 0.44 ～ 18.67 mg/kg，均值 ± 偏差为（8.79±4.69）mg/kg（n=621）；最高值区为浙江慈溪杭州湾南岸［（16.44±1.75）mg/kg］（图 4.29），低值区为河北北戴河［（3.97±2.43）mg/kg］、烟台四十里湾［（1.88±1.67）mg/kg］和广西英罗湾［（2.01±1.16）mg/kg］，这些低值区均为砂质沉积区。

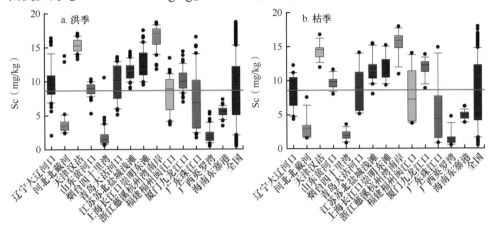

图 4.29　14 个典型潮间带表层沉积物 Sc 含量统计箱式图

横线代表均值

枯季：Sc 含量为 0.48 ～ 17.94 mg/kg，均值 ± 偏差为（8.46±4.79）mg/kg（n=218）；含量较洪季略低，但空间分布特征较洪季无明显变化。Sc 含量分布和 V、Li 含量分布特征相似。

Sc 与 Al_2O_3、V、Li、Ni 的相关系数为 0.84 ～ 0.96（$P < 0.01$；n=839），均呈极显著正相关关系；Sc 与 SiO_2 的相关系数为–0.88（$P < 0.01$；n=839），呈极显著负相关关系，这表明 Sc 的赋存主要受控于细粒硅铝酸盐黏土矿物。

（7）Co 含量

洪季：Co 含量为 0.14 ～ 25.4 mg/kg，均值 ± 偏差为（10.06±5.90）mg/kg（n=621）；最高值区为浙江慈溪杭州湾南岸［（18.85±2.06）mg/kg］，低值区为河北北戴河［（3.21±1.12）mg/kg］、烟台四十里湾［（2.01±2.07）mg/kg］和广西英罗湾［（1.53±1.98）mg/kg］（图 4.30）。

枯季：Co 含量为 0.18 ～ 362.60 mg/kg，均值 ± 偏差为（20.36±51.84）mg/kg（n=218）；平均含量约是洪季的 2 倍。通过对比各区域洪季、枯季 Co 含量发现，枯季 Co 含量偏高主要是广东珠江口的 Co 含量［（157.63±138.88）mg/kg］过高引起的，其他区域洪季、枯季无显著变化。枯季珠江口 Co 含量正异常可能源于排污。

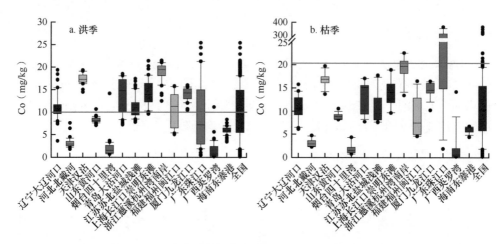

图 4.30　14 个典型潮间带表层沉积物 Co 含量统计箱式图

横线代表均值

Co 含量的低值区出现在砂质沉积区，表明 Co 的赋存受粒度控制。但 Co 与 Al_2O_3、SiO_2、Mz 的相关系数分别为 0.05（$P > 0.05$；$n=839$）、−0.04（$P > 0.05$；$n=839$）和 0.13（$P < 0.01$；$n=839$），相关性较低；这可能与枯季 Co 含量异常引起的相关系数偏低有关。

（8）Ni 含量

洪季：Ni 含量为 0.43 ～ 58.38 mg/kg，均值±偏差为（21.94±14.14）mg/kg（$n=621$）；最高值区为浙江慈溪杭州湾南岸 [（46.1±5.44）mg/kg]（图 4.31），低值区为河北北戴河 [（5.34±3.00）mg/kg]、烟台四十里湾 [（4.50±5.00）mg/kg] 和广西英罗湾 [（4.22±5.05）mg/kg]，这些低值区均为砂质沉积区。

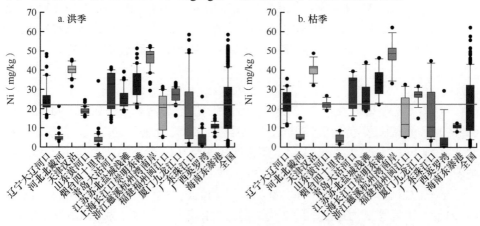

图 4.31　14 个典型潮间带表层沉积物 Ni 含量统计箱式图

横线代表均值

枯季：Ni 含量为 0.44～62.18 mg/kg，均值±偏差为（22.46±14.49）mg/kg（n=218）；含量较洪季略高，但空间分布较洪季没有明显变化。总体上，Ni 含量和 Al_2O_3 含量平面分布特征一致（图 4.6，图 4.31）。

Ni 与 Al_2O_3、V、Sc、Li 的相关系数为 0.82～0.97（$P <$ 0.01；n=839），均呈极显著正相关关系；Ni 与 SiO_2 的相关系数为–0.86（$P <$ 0.01；n=839），呈极显著负相关关系，这表明 Ni 的赋存主要受控于细粒硅铝酸盐黏土矿物。

（9）Th 含量

洪季：Th 含量为 0.50～96.21 mg/kg，均值±偏差为（13.84±9.01）mg/kg（n=621）；高值区为福建福州闽江口［（23.20±6.42）mg/kg］、厦门九龙江口［（27.79±3.61）mg/kg］和广东珠江口［（20.95±16.96）mg/kg］；低值区为河北北戴河［（7.06±9.32）mg/kg］、烟台四十里湾［（2.14±1.31）mg/kg］和广西英罗湾［（3.16±2.94）mg/kg］，这些低值区均为砂质沉积区。其他区域的 Th 含量相对稳定（图 4.32）。

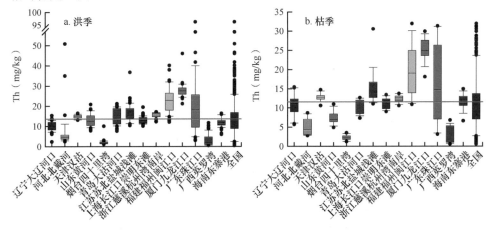

图 4.32　14 个典型潮间带表层沉积物 Th 含量统计箱式图

横线代表均值

枯季：Th 含量为 0.57～31.96 mg/kg，均值±偏差为（11.74±7.02）mg/kg（n=218）；含量较洪季略低，但空间分布较洪季没有明显变化。总体上，Th 含量和 Al_2O_3 含量平面分布特征类似。

Th 与 Al_2O_3 的相关系数为 0.59（$P <$ 0.01；n=839），呈极显著正相关关系；Th 与 SiO_2 的相关系数为–0.51（$P <$ 0.01；n=839），呈极显著负相关关系，这表明 Th 的赋存主要受控于细粒硅铝酸盐黏土矿物。此外，Th 与 U 的相关系数高达 0.94（$P <$ 0.01；n=839），二者均属锕系元素，呈放射性，均表现为强不相容元素，趋于在地壳中富集。

（10）U含量

洪季：U含量为0.20～11.25 mg/kg，均值±偏差为（2.64±1.62）mg/kg（n=621）；高值区为福建福州闽江口［（4.16±1.21）mg/kg］、厦门九龙江口［（5.2±0.57）mg/kg］和广东珠江口［（4.01±2.75）mg/kg］；低值区为河北北戴河［（1.38±1.95）mg/kg］、烟台四十里湾［（0.39±0.26）mg/kg］和广西英罗湾［（1.15±0.79）mg/kg］，这些低值区均为砂质沉积区。其他区域的U含量相对稳定（图4.33）。

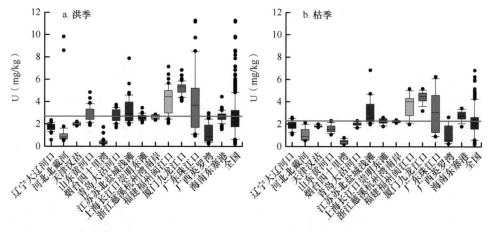

图4.33　14个典型潮间带表层沉积物U含量统计箱式图
横线代表均值

枯季：U含量为0.20～6.83 mg/kg，均值±偏差为（2.26±1.26）mg/kg（n=218）；含量较洪季略低，但空间分布较洪季没有明显变化。总体上，U含量和Th含量平面分布特征一致。

U与Al_2O_3的相关系数为0.46（$P < 0.01$；n=839），呈极显著正相关关系；U与SiO_2的相关系数为–0.40（$P < 0.01$；n=839），呈极显著负相关关系，这表明U的赋存主要受控于细粒硅铝酸盐黏土矿物。

4.5　稀土元素分布特征

稀土元素（REE）在表生环境中的化学性质非常稳定，其组成及分布模式受风化剥蚀、搬运、沉积作用、变质作用、成岩作用等其他营力因素的影响很小，并且不易活化迁移和分馏，能够保存物源区的原岩信息（杨守业和李从先，1999a）。稀土元素的各参数变化（如轻重稀土元素分异度、Ce异常、Eu异常等）基本不受沉积物底质类型的影响，物源是决定它们变化特征的主要控制因素（赵一阳和鄢明才，1994）。但稀土元素的丰度与沉积物类型密切相关，一般粒度越细对应稀土元素含量越高。因此，稀土元素组成特征及一些重要参数常被广泛应用于海洋沉积物的物源研究，对理解沉积物的形成过程、恢复沉积环境及阐明物源区性质具有重要意义（蓝先洪等，2006a）。

狭义稀土元素包括：①轻稀土元素——镧（La）、铈（Ce）、镨（Pr）、钕（Nd）、钷（Pm）、钐（Sm）和铕（Eu）；②重稀土元素——钆（Gd）、铽（Tb）、镝（Dy）、钬（Ho）、铒（Er）、铥（Tm）、镱（Yb）、镥（Lu）。其中，Pm 在自然界不存在，属人工合成，因此本次研究的狭义稀土元素共 14 种。

稀土元素研究主要采用两种方法，一种是特征参数法，另一种是稀土元素配分模式。常用的特征参数有轻稀土元素含量（LREE）、重稀土元素含量（HREE）、稀土元素总含量（∑REE）、轻重稀土元素含量比值（LREE/HREE，反映轻重稀土元素分异度）、Ce 异常（δCe）、Eu 异常（δEu）及轻重稀土元素内部分馏程度 [(La/Yb)$_N$、(La/Sm)$_N$、(Gd/Yb)$_N$] 等，其计算方法如下：

$$\delta Eu = \frac{Eu}{Eu^*} = \frac{Eu_N}{\sqrt{Sm_N \cdot Gd_N}}$$

$$\delta Ce = \frac{Ce}{Ce^*} = \frac{Ce_N}{\sqrt{La_N \cdot Pr_N}}$$

$$(La/Yb)_N = La_N/Yb_N$$

$$(La/Sm)_N = La_N/Sm_N$$

$$(Gd/Yb)_N = Gd_N/Yb_N$$

式中，Eu_N、Sm_N、Gd_N、Ce_N、La_N、Pr_N、Yb_N 为沉积物样品中各 REE 的含量与标准化物质中同一 REE 含量的比值，标准化物质多选用 CI 碳质球粒陨石（CN）、上陆壳（UCC）、北美页岩（NASC）、澳大利亚后太古界页岩（PAAS）等。以 Eu_N 为例，$Eu_N = Eu_{样品}/Eu_{标准化物质}$。

(La/Yb)$_N$、(La/Sm)$_N$、(Gd/Yb)$_N$ 反映轻重稀土元素分馏程度，而 δEu 和 δCe 可以反映沉积环境的变化，稳定的 La/Sc、La/Th 元素比可用于识别沉积物物源和古环境分析。

4.5.1　稀土元素含量变化

我国 14 个典型潮间带表层沉积物稀土元素的特征如下。

1）∑REE 为 47.20 ～ 352.90 mg/kg，均值 ± 偏差为（189.8±66.0）mg/kg；最高值出现在天津汉沽（HG），次高值在广东珠江口（ZJ），最低值出现在广西英罗湾（YL）。

2）LREE 为 40.0 ～ 335.4 mg/kg，均值 ± 偏差为（170.4±62.3）mg/kg；最高值出现在天津汉沽（HG），次高值在广东珠江口（ZJ），最低值出现在广西英罗湾（YL）。

3）HREE 为 7.2 ～ 31.7 mg/kg，均值 ± 偏差为（19.5±5.2）mg/kg；最高值出现在广东珠江口（ZJ），最低值出现在广西英罗湾（YL）。

4）LREE/HREE 为 5.4 ～ 19.2；均值 ± 偏差为 8.7±2.7；最高值出现在天津汉沽（HG），最低值出现在广西英罗湾（YL）。

我国潮间带沉积物稀土元素含量接近全球沉积物平均稀土元素含量（150 ～ 300 mg/kg），高于我国东部上地壳稀土元素含量（153.5 mg/kg）（鄢明才和迟清华，1997）、全球大陆上地壳稀土元素含量（146.40 mg/kg）（Taylor and McLennan，1995），这说明潮间带沉积物相对于基岩，稀土元素呈现一定程度的富集。此外，其与我国北方河流沉积物（186.30 mg/kg）（周国华等，2012）、我国东部泥质岩（217.76 mg/kg）（鄢明才和迟清华，1997）、北美页岩（173.21 mg/kg）（Gromet et al.，1984）、澳大利亚后太古界页岩（208.67 mg/kg）（Pourmand et al.，2012）的稀土元素含量相当，但略高于我国浅海稀土元素含量（156.96 mg/kg）（赵一阳等，1990），表明其具有明显的"亲陆性"，潮间带沉积物可能主要来自陆源。

我国潮间带沉积物 LREE/HREE 的均值为 8.7，显示出富集轻稀土元素的特征，略高于我国马兰黄土（8.07）（吴明清等，1991）、长江沉积物（7.84）（杨守业和李从先，1999a）、黄河沉积物（7.54）（杨守业和李从先，1999a）的轻重稀土元素含量比值，略低于珠江沉积物（10.79）（王立军等，1998）的轻重稀土元素含量比值，显示出了研究区陆源沉积物来源的特征。研究表明，从 La 到 Lu，稀土元素配合能力逐渐增强，络合物稳定性相应增加，因而在自然界的迁移能力相应增强。在风化过程中重稀土元素更容易因在溶液中形成重碳酸盐和有机络合物而优先被迁移，轻稀土元素则优先被细颗粒（主要是黏土）吸附，轻稀土元素、重稀土元素发生分异，使得轻稀土元素相对富集、重稀土元素相对亏损（李景瑞等，2016）。因此，随着风化程度的加强，LREE/HREE 将增加。LREE/HREE 5.4 ～ 19.2 的大幅波动，表明区域差异显著。

长江以北的潮间带沉积物 REE 含量（202.69 mg/kg）和 LREE/HREE（9.72）均高于长江以南（175.92 mg/kg 和 8.69），长江沉积物中 REE 含量高于黄河沉积物中 REE 含量，LREE 相对 HREE 明显富集。物质来源的不同是造成长江沉积物和黄河沉积物中 REE 地球化学特征差异的因素之一，流域风化程度的不同使两者的差异性更加明显，即长江以北的潮间带沉积物具有高稀土元素含量和轻稀土元素富集的特征，这与我国"北轻南重"的稀土元素矿化分布特点吻合，即北方以轻稀土元素富集为主，南方以重稀土元素富集为主。

4.5.2　稀土元素空间分布特征

标准化配分曲线是稀土元素地球化学特征的综合反映，大量的研究已经建立了沉积物的稀土元素分布模式，可以用其判断物质来源和恢复环境。目前对沉积物稀土元素配分模式的研究可通过两个途径：一是以球粒陨石为标准进行标准化，由于球粒陨石已被认为是地球的原始物质，因此，球粒陨石标准化能够反映样品相对地球原始物质的分异度，揭示沉积物源区特征；二是以大陆上陆壳（UCC）、北美页岩（NASC）、澳大利亚后太古界页岩（PAAS）中稀土元素的平均含量作为研究地壳及全球尺度稀土元素配分特征的参照值进行标准化，了解其沉积过程中的混合、均化的影响和分异度（杨文光等，2012）。

球粒陨石标准化后：①曲线均呈明显右倾，LREE 富集；② Eu 呈负异常，为亏损型；③ Ce 多呈弱亏损 ［江苏苏北盐城浅滩（YC）呈强亏损］，而山东黄河口（DY）和天津汉沽（HG）的 Ce 富集；④ LREE 较 HREE 分馏更强（图 4.34a）。

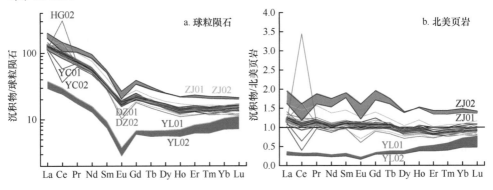

图 4.34　球粒陨石（a）和北美页岩（b）标准化后的稀土元素特征

北美页岩标准化后：①曲线多呈平坦型，LREE、HREE 分异作用不明显，LREE 分异作用略强，而广西英罗湾（YL）HREE 的分异作用较强（图 4.34b，图 4.35）；②$(La/Sm)_N$ 为 0.92 ~ 1.22（1.11±0.07），表明轻稀土元素无明显分馏；③$(Gd/Yb)_N$ 为 0.49 ~ 1.42（1.11±0.20），表明重稀土元素分馏不明显 ［除广西英罗湾（YL）明显分馏外］；④ δEu 为 0.61 ~ 1.03（0.89±0.13），表明 Eu 多呈弱亏损，位于南方的广东珠江口（ZJ）、广西英罗湾（YL）、海南东寨港（DZ）亏损较为明显；⑤ δCe 为 0.41 ~ 3.10（0.98±0.51），表明 Ce 多呈弱亏损，江苏苏北盐城浅滩（YC）亏损最为明显；而天津汉沽（HG）HG02 点的 Ce 呈显著富集，高达 3.10；次高值出现在山东黄河口（DY）的 DY01，高达 1.43（图 4.36）。

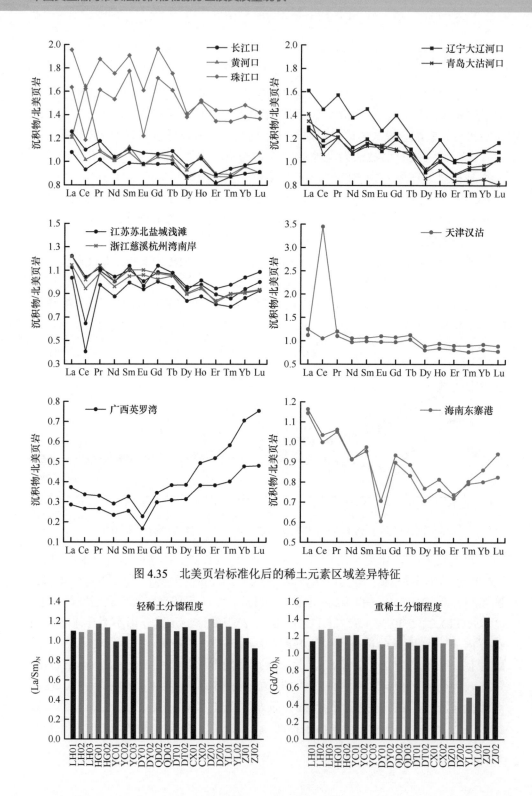

图 4.35　北美页岩标准化后的稀土元素区域差异特征

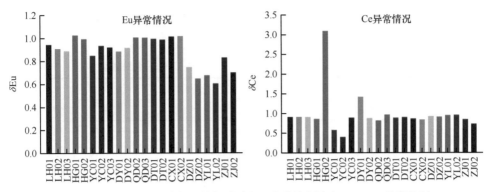

图 4.36　北美页岩标准化后的轻重稀土元素分馏程度和 Eu、Ce 异常情况

稀土元素含量的粒度控制效应显著（表 4.8），与粗粒 SiO_2 呈极显著负相关关系，Al_2O_3、TiO_2、Li、Th 等呈极显著正相关关系。Al_2O_3 常被用于指示细粒硅铝酸盐黏土矿物，受粒度的制约效应显著，也被用作粒度参数的替代性指标；Al_2O_3 与 ∑REE、LREE、HREE 的相关系数分别为 0.87、0.88 和 0.63，均呈极显著正相关关系。而石英（SiO_2）和生物贝壳（$CaCO_3$）被认为是沉积物中稀土元素含量的"稀释剂"，尤其是石英颗粒，几乎不含稀土元素。SiO_2 与 ∑REE、LREE、HREE 呈极显著负相关关系，而 CaO 与 ∑REE、LREE、HREE 呈弱相关或无相关关系。粒度是影响沉积物 REE 组成和分布的重要因素，REE 趋向于在细颗粒沉积物中富集，而在粗颗粒沉积物中亏损。

表 4.8　表层沉积物稀土元素与常量元素和微量元素的相关系数

指标	SiO_2	Al_2O_3	CaO	Fe_2O_3	MnO	TiO_2	Ba	Sr	V	Li	Pb	Th
● REE	−0.58**	0.87**	−0.22	0.37**	−0.50**	0.70**	0.78**	0.74**	0.58**	0.82**	0.76**	0.91**
LREE	−0.59**	0.88**	−0.22	0.35	−0.51**	0.71**	0.79**	0.75**	0.58**	0.83**	0.76**	0.90**
HREE	−0.38**	0.63**	−0.16	0.40**	−0.28**	0.43**	0.54**	0.45**	0.38**	0.59**	0.58**	0.70**

注："**"表示具有极显著性差异，即 $P < 0.01$

4.6　碳酸钙分布特征

洪季：$CaCO_3$ 含量为 0～28.07%，均值±偏差为（4.11±3.90）%（n=621）（表 4.9）；$CaCO_3$ 含量区域分布差异显著（图 4.37）。高值区位于天津汉沽［（9.20±0.90）%］、山东黄河口［（9.22±1.02）%］及江苏苏北盐城浅滩［（9.71±1.30）%］、上海长江口崇明东滩［（8.40±0.74）%］、浙江慈溪杭州湾南岸［（7.42±0.34）%］两大区域；其他区域含量较低，其中河北北戴河、烟台四十里湾、广西英罗湾 $CaCO_3$ 含量分别为（0.84±1.54）%、（0.59±0.50）%、

（0.58±0.66）%。海南东寨港 CaCO₃ 含量阈值较大，为 0.05% ～ 28.07%，均值±偏差为（3.02±5.13）%。

表 4.9　14 个典型潮间带表层沉积物洪、枯两季 CaCO₃ 含量统计　　　（%）

区域	洪季			枯季		
	样品数	范围	均值±偏差	样品数	范围	均值±偏差
辽宁大辽河口	55	1.13 ～ 3.47	2.13±0.61	20	1.06 ～ 3.09	1.80±0.52
河北北戴河	36	0 ～ 9.12	0.84±1.54	12	0.26 ～ 2.76	0.87±0.76
天津汉沽	30	8.01 ～ 12.23	9.20±0.90	16	6.71 ～ 9.51	8.58±0.82
山东黄河口	45	7.71 ～ 12.11	9.22±1.02	15	7.55 ～ 10.51	9.08±0.79
烟台四十里湾	44	0.13 ～ 1.96	0.59±0.50	15	0.08 ～ 1.73	0.38±0.43
青岛大沽河口	45	0.33 ～ 2.36	1.31±0.44	15	0.43 ～ 1.96	1.17±0.37
江苏苏北盐城浅滩	55	7.94 ～ 13.25	9.71±1.30	20	7.44 ～ 13.72	9.66±1.98
上海长江口崇明东滩	44	7.10 ～ 11.24	8.40±0.74	16	7.56 ～ 9.75	8.36±0.53
浙江慈溪杭州湾南岸	45	6.74 ～ 8.14	7.42±0.34	15	7.29 ～ 9.39	7.87±0.48
福建福州闽江口	44	0.08 ～ 4.39	2.10±1.47	14	0.01 ～ 2.88	0.92±0.89
厦门九龙江口	43	0.80 ～ 10.54	2.35±1.71	15	0.89 ～ 3.40	2.39±0.65
广东珠江口	45	0 ～ 8.55	1.55±1.77	15	0.08 ～ 2.91	1.07±0.85
广西英罗湾	45	0 ～ 2.81	0.58±0.66	15	0.19 ～ 6.39	0.89±1.53
海南东寨港	45	0.05 ～ 28.07	3.02±5.13	15	0.66 ～ 24.85	2.92±6.33
全国	621	0 ～ 28.07	4.11±3.90	216	0.01 ～ 24.85	4.16±4.07

注："0" 代表低于检出限

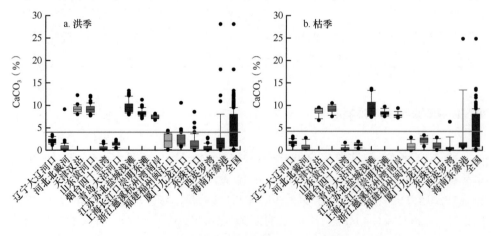

图 4.37　14 个典型潮间带表层沉积物 CaCO₃ 含量统计箱式图

横线代表均值

　　枯季：CaCO₃ 含量为 0.01% ～ 24.85%，均值±偏差为（4.16±4.07）%（n=216）；极值区域分布和洪季相同，含量较洪季略高。

　　除了烟台四十里湾、厦门九龙江口和广东珠江口，其他潮间带 CaCO₃ 含量均呈现由岸向海递减趋势（图 4.38，图 4.39）。

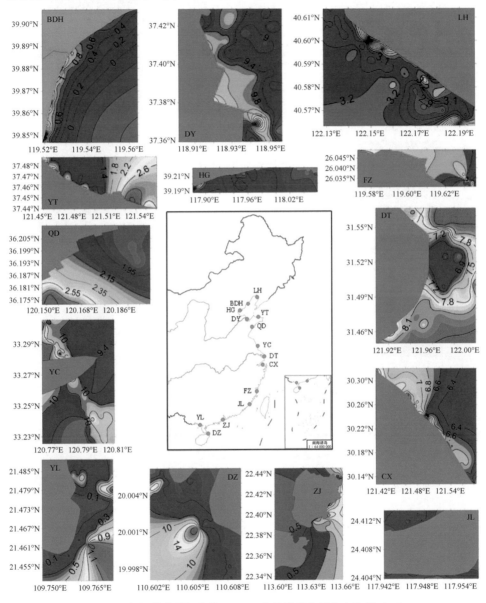

图 4.38　潮间带表层沉积物 CaCO₃ 含量洪季空间分布特征（%）

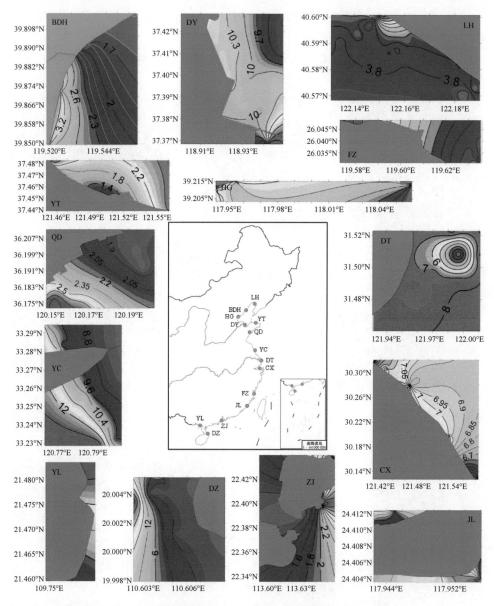

图 4.39　潮间带表层沉积物 $CaCO_3$ 含量枯季空间分布特征（%）

4.7　小结

本章通过对我国 14 个典型潮间带表层沉积物中 pH、Eh、硫化物及常量元素和微量元素、稀土元素等的含量、空间分布和控制因素等进行相关分析，得到如下结论。

1）洪季 pH（2.59 ～ 11.08，7.47±1.08，n=580）和枯季 pH（6.06 ～ 9.19，7.34±0.50，n=219）均多呈弱碱性，洪季 pH 略高。洪季最高 pH 出现在厦门九龙江口（9.94±0.74），最低值出现在青岛大沽河口（6.83±0.35）；枯季最高 pH 出现在烟台四十里湾（8.80±0.15），最低值出现在浙江慈溪杭州湾南岸（6.67±0.25）。

2）洪季 Eh［−381 ～ 281 mV，（−68.50±110.61）mV，n=580］明显低于枯季 Eh［−381 ～ 578 mV，（55.59±205.79）mV，n=219］。洪季广东珠江口的 Eh 最高［（37.38±151.61）mV］，海南东寨港的 Eh 最低［（−228.02±73.50）mV］；枯季河北北戴河的 Eh 最高［（516.83±77.74）mV］，广西英罗湾的 Eh 最低［（−255.13±88.06）mV］。

3）洪季硫化物含量［0 ～ 177.75 mg/kg，（1.01±8.11）mg/kg，n=606］明显低于枯季［0 ～ 703.96 mg/kg，（17.23±59.83）mg/kg，n=215］。洪季硫化物含量最高值出现在天津汉沽［（7.61±32.91）mg/kg］，最低值出现在河北北戴河（未检出）；枯季硫化物含量最高值出现在福建福州闽江口［（129.51±185.19）mg/kg］，低值区为辽宁大辽河口、河北北戴河、天津汉沽和江苏苏北盐城浅滩［均值±偏差均为（0.01±0.01）mg/kg］。

4）我国典型潮间带表层沉积物中主要常量元素氧化物的均值含量排序为：SiO_2 > Al_2O_3 > TFe_2O_3 > K_2O > CaO > Na_2O > MgO > TiO_2 > P_2O_5 > MnO。SiO_2 的含量最高，占沉积物组成的一半以上，多以石英砂的形态存在；其次是 Al_2O_3 和 TFe_2O_3，主要赋存于硅铝酸盐和铁锰氧化物中；再次是 K_2O、CaO、Na_2O 和 MgO，Ca 和 Mg 主要赋存于无机/有机成因的碳酸盐岩中，K 主要赋存于黏土矿物、碎屑长石、白云母和海绿石中，Na 常赋存于钠长石等碎屑长石矿物中；TiO_2、P_2O_5 和 MnO 的含量较低，均值小于 1%。不同常量元素在空间分布上存在显著性差异，有如下分布特征。①区域南北常量元素差异性：SiO_2 含量以福建福州闽江口为界，南部区域明显大于北部区域；Al_2O_3、TFe_2O_3 含量在各区域内相对均衡，适合作为背景参比元素；CaO、K_2O、Na_2O 含量无统一变化规律，具有明显区域性；K_2O、TiO_2、MgO 和 P_2O_5 的含量在浙江慈溪杭州湾南岸（CX）以北各区域相当，以南各区域含量变化差异较大。②洪、枯两季常量元素差异性：同种元素洪季含量范围变化较大，而枯季含量相对集中。其中，Al_2O_3、CaO、K_2O、MgO、Na_2O 枯季含量略高于洪季含量，SiO_2、TFe_2O_3 洪季含量略高于枯季含量，而 MnO、P_2O_5、TiO_2 含量保持不变。③垂岸向常量元素分布特征：除了烟台四十里湾、青岛大沽河、广东珠江口、海南东寨港，其他潮间带 Al_2O_3、K_2O、TFe_2O_3、MgO、CaO 等氧化物含量均呈由岸向海递减趋势，其空间分布和 Mz 的空间分布相似。

5）我国典型潮间带表层沉积物中主要微量元素的均值含量排序为：Ba > Zr > Sr > V > Li > Ni > Th > Co > Sc > U，洪、枯季节除 Co 外，其余元素含量差异不大。我国典型潮间带表层沉积物中微量元素 Ba、Zr 和 Sr 的含量较高，均值含量超过 100 mg/kg，其中 Ba 洪季、枯季均值±偏差含量分别高达（488.32±297.83）mg/kg（n=621）和（481.02±287.16）mg/kg（n=218）；V、Li、Ni、Th、Co 的均值含量为 10～100 mg/kg；Sc、U 的均值含量较低，小于 10 mg/kg。受流域风化和人类活动等因素干预，不同微量元素在空间分布上存在显著性差异：① Ba 含量以福建福州闽江口（FZ）为界，Sr 含量以江苏苏北盐城浅滩（YC）为界，界线以北各区域含量明显大于界线以南各区域；② Zr、Li、Co、Sc、V、Ni 等元素含量在各区域间分布较均衡，未呈现明显的地域分布规律；③ Th 含量在福建福州闽江口（FZ）、厦门九龙江口（JL）和广东珠江口（ZJ）较高且数据较为离散，南北两侧含量较低。

6）长江以北的潮间带沉积物 REE 含量（202.69 mg/kg）和 LREE/HREE（9.72）均高于长江以南（175.92 mg/kg 和 8.69），即长江以北的潮间带沉积物具有高稀土元素含量和轻稀土元素富集特征，这与我国"北轻南重"的稀土元素矿化分布特点吻合，即北方以轻稀土元素富集为主，南方以重稀土元素富集为主。

7）洪季 $CaCO_3$ 含量 [0～28.07%，（4.11±3.90）%，n=621] 与枯季 [0.01%～24.85%，（4.16±4.07）%，n=216] 相当，差异不显著。但区域差异显著，高值区位于天津汉沽、山东黄河口及江苏苏北盐城浅滩、上海长江口崇明东滩、浙江慈溪杭州湾南岸两大区域；其他区域含量较低，其中河北北戴河、烟台四十里湾、广西英罗湾含量最低。除了烟台四十里湾、厦门九龙江口和广东珠江口，其他潮间带 $CaCO_3$ 含量均呈现由岸向海递减趋势。

第 5 章

潮间带表层沉积物碳氮磷特征

潮间带湿地沉积物中埋藏了大量来自陆地、海洋和原生植被的生源物质，是海洋生产力最高的区域之一。有机碳和氮、磷既是潮间带湿地生态系统物质循环的关键成分，又是维持生态系统高生产力和高生物量的基础。随着水动力条件和人为扰动等改变，沉积物也会通过"吸附-解吸"等作用向水体中释放碳、氮、磷等物质，为浮游生物的生长提供必要的营养，但是过量的营养物质也会对水体环境造成危害，影响水生生态系统的稳定。

5.1　碳氮磷研究概述

潮间带表层沉积物中碳、氮、磷受动植物活体或残体影响较大，通常盐沼植被的自养生产力高于无植被覆盖的滩涂，例如，互花米草的净初级生产力为 $100 \sim 2500$ g C/(cm²·a)（Mitsch and Gosselink，2007），其在南大西洋和墨西哥湾湿地中最高，而底栖微型藻的净生产力为 $30 \sim 300$ g C/(m²·a)，尽管量小，但更易被二级消费者利用（Mitsch and Gosselink，2007）。潮滩碳的另一个重要来源是水体颗粒物，但易受悬浮颗粒物浓度、潮差、植被类型、潮沟等因素的影响。若按有机碳浓度占悬浮颗粒物的 $5\% \sim 10\%$ 计（Middelburg and Herman，2007），则有机碳的沉积量为 $250 \sim 500$ g C/(m²·a)，高有机质含量、高含沙量的河口地区，有可能产生此种沉积情形。通常在红树林地带碳的埋藏量估算中，总有机碳（TOC）占 $50\% \sim 90\%$，其总有机碳密度高达（0.055 ± 0.004）g C/cm³（Chmura et al.，2003）。潮间带湿地总有机碳的单位体积/质量的含量不及泥炭地（peatland）和多年淡水湿地，主要因为其经常淤积附近水体所输送的细颗粒物，若泥沙沉积较快，会降低 TOC 含量。但从 TOC 的年累积速率或扣留率（sequestration rate）上看，由于沉积速率快，TOC 的扣留率较高，在过去的 $50 \sim 100$ 年，TOC 的扣留率为 $100 \sim 200$ g C/(m²·a)（Chmura et al.，2003；Bridgham et al.，2006）。通常 TOC 扣留率以总有机碳的密度和沉积速率直接计算得出，其结果是综合性因素导致，主要为海平面抬升和水体悬浮颗粒物运移的结果。

潮间带表层沉积物中的氮一部分源自大气降水和地下水的交换，除此之外，在潮间带涨落水的过程中，暴露在光滩沉积物孔隙水中的氨氮会积累；然后在涨潮淹水过程中，孔隙水中的氨氮会大量释放（Billerbeck et al.，2006），由底层水对流造成 75% 的氨氮在不到 1h 内进入上覆水体（Rocha，1998）。存在底栖微藻的滩涂，在暗光淹水条件下，氨氮会不断输出，而在光照条件下，淹水并不导致氨氮的输出，这可能与藻类对孔隙水中的氨氮吸收利用有关（Thornton et al.，1999）。影响潮滩氮循环的外部环境还包括风暴潮、大型底栖动物、水温、盐度等多种因素。氮的长期埋藏量主要通过测定 ²¹⁰Pb 和 ¹³⁷Cs 比活度确定，需要观察其变化规律来最终确定其年沉积量。氮的年埋藏量在植被覆盖的湿地占氮总输入量的比例较大，但随着盐度的升高，沉积物中的有机质会加速分解，导致氮的含量降低（Craft，2007）。

磷的原始来源为岩石分化，上游河流输送的磷以颗粒态的形式输移至下游，进而在河口海岸附近堆积（Ruttenberg，2014）。在有机质较丰富、盐度较低的潮间带滩涂，铁结合态的磷酸盐（Fe-P）含量较高，而在盐度较高的滩涂，钙结合态磷酸盐（Ca-P）含量较高（Bradford and Peters，1987；侯立军等，2006）。沉积物中还有松散易释放的游离性质的 P 化合物，如孔隙水中的磷酸盐。沉积物中总磷的含量稳定，年际变化小（Coelho et al.，2004；Weston et al.，2006）。潮间带湿地沉积物中磷的储量最大，远大于生物活体和水体中的磷酸盐或颗粒态磷储量。各种形态磷之中，Fe-P 受氧化还原条件的影响较大。Ca-P 是另一种滩涂占比大的磷形态，此类型在长江口沉积物中较为常见（Zhou et al.，2007）。

5.2　总有机碳分布特征

5.2.1　总有机碳洪季、枯季含量变化

表层样品洪季、枯季的总有机碳（TOC）含量除广东珠江口（ZJ）外，无显著性差异（表 5.1）。而广东珠江口洪季 TOC 的平均含量为 7.346 g/kg，明显高于其枯季的平均含量 1.091 g/kg；其数据的离散程度也存在显著性差异。各地表层样品 TOC 含量均值高值出现在厦门九龙江口（JL）和天津汉沽（HG），洪季和枯季 TOC 含量最低值分别出现在山东黄河口（DY）和广东珠江口（ZJ）。

表 5.1　表层沉积物中 TOC 含量　　　　　　　　　　（单位：g/kg）

样点	TOC（枯季）		TOC（洪季）	
	范围	均值±偏差	范围	均值±偏差
LH	1.590～8.925	5.132±1.653	1.732～13.583	5.616±1.979
HG	5.481～11.974	9.302±1.934	7.858～14.269	9.608±1.234
DY	1.128～3.400	2.091±0.629	0.939～4.839	1.924±0.874
QD	1.311～8.345	5.372±2.417	1.060～7.687	5.349±2.003
YC	0.850～10.101	3.369±2.727	0.927～19.578	3.485±2.957
DT	1.545～14.783	6.296±3.881	1.471～16.691	5.539±3.032
CX	3.243～8.428	6.492±1.593	4.089～8.695	6.550±1.276
FZ	0.643～20.350	6.856±6.254	0.638～14.363	6.987±4.867
JL	10.961～25.920	13.024±4.224	10.414～21.559	12.777±2.078

续表

样点	TOC（枯季）		TOC（洪季）	
	范围	均值±偏差	范围	均值±偏差
ZJ	0.784～1.342	1.091±0.173**	0.812～23.357	7.346±4.770**
YL	0.961～4.848	2.324±1.111	0.795～10.694	3.448±2.761
DZ	2.096～12.952	5.103±3.342	1.740～6.449	3.726±1.113

注："**"表示洪季、枯季 TOC 含量存在显著性差异（$P < 0.01$）

5.2.2　总有机碳洪季、枯季分布特征

通过洪季、枯季 TOC 含量的显著性比较发现，除广东珠江口外（样点分布不均问题），洪季、枯季没有明显的差异，故此处仅展示洪季 TOC 分布规律（图 5.1）。通常 TOC 含量空间分布规律有三种状况：第一种为近岸高、离岸低潮点低，此状况出现在辽宁大辽河口（LH）、山东黄河口（DY）、江苏苏北盐城浅滩（YC）和上海长江口崇明东滩（DT）；第二种为较均匀地分布，出现在天津汉沽（HG）、浙江慈溪杭州湾南岸（CX）、广东珠江口（ZJ）、广西英罗湾（YL）和海南东寨港（DZ）；第三种为采样点的东西南北向分布不均。其中，辽宁大辽河口西北部 TOC 含量较高，青岛大沽河口（QD）样点的胶州湾东北部稍高，上海长江口崇明东滩的中南部较高，福建福州闽江口（FZ）的西部河口 TOC 较高。厦门九龙江口采样点集中在大堤下方不足百米处，其洪季、枯季的 TOC 含量差异无须用空间分布图展示。

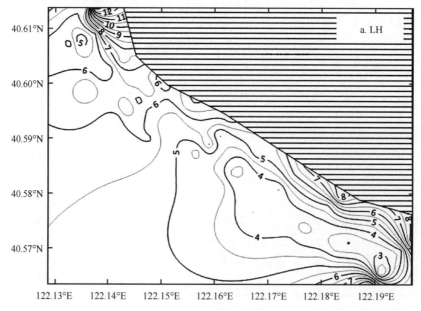

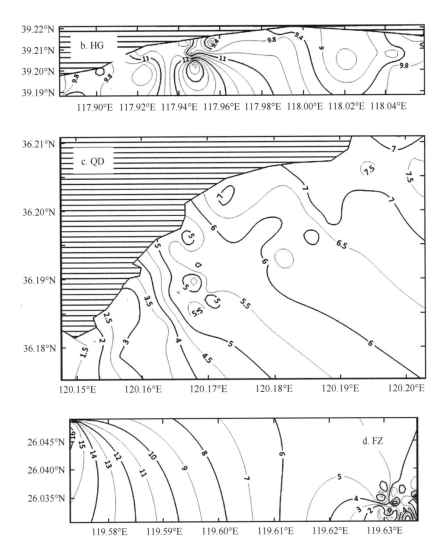

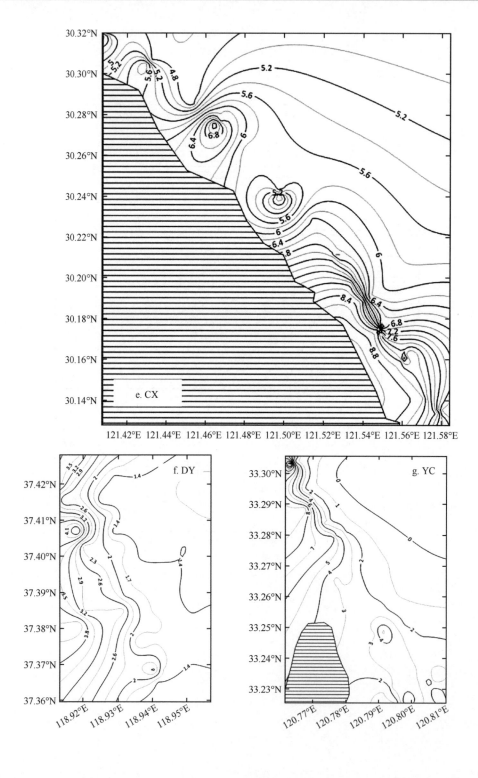

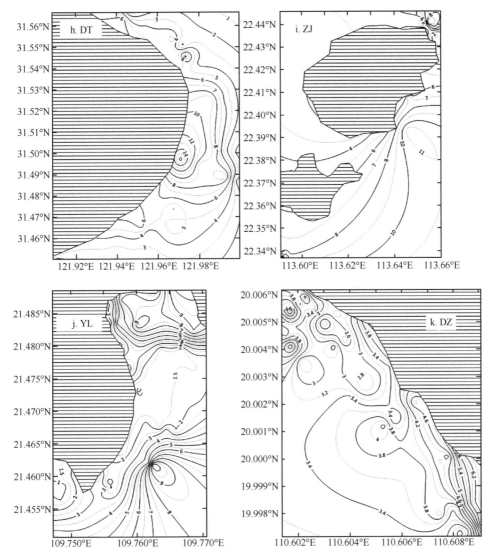

图 5.1　潮间带洪季沉积物 TOC 含量分布（单位：g/kg）

5.3　总氮分布特征

5.3.1　总氮洪季、枯季含量变化

潮间带表层沉积物总氮（TN）含量低且不均匀，除广东珠江口（ZJ）洪季 TN 含量均值较高外，其他样点均小于 1 g N/kg（表 5.2）。TN 含量较高区域位于天津汉沽（HG）和厦门九龙江口（JL），整体上低值样点较多，如山东黄河口

（DY）、江苏苏北盐城浅滩（YC）、上海长江口崇明东滩（DT）等。TN 含量的洪季、枯季差别较大，浙江慈溪杭州湾南岸以北的样品均呈现明显的洪季、枯季差异，浙江慈溪杭州湾南岸以南则只有厦门九龙江口（JL）TN 含量差别明显。

表 5.2　表层沉积物中 TN 含量　　　　　　（单位：g N/kg）

样点	TN（枯季）		TN（洪季）	
	范围	均值±偏差	范围	均值±偏差
LH	0 ～ 0.348	0.157±0.102**	0 ～ 1.445	0.309±0.241**
HG	0 ～ 1.114	0.457±0.236**	0.338 ～ 1.392	0.762±0.208**
DY	0 ～ 0.0355	0.001±0.030**	0.141 ～ 0.405	0.241±0.088**
QD	0 ～ 0.390	0.208±0.139**	0.018 ～ 0.721	0.416±0.182**
YC	0 ～ 0.443	0.089±0.145**	0 ～ 2.015	0.251±0.304**
DT	0 ～ 0.880	0.217±0.279**	0 ～ 0.457	0.109±0.146**
CX	0.018 ～ 0.627	0.325±0.157	0.014 ～ 0.483	0.230±0.125
FZ	0 ～ 0.747	0.268±0.282	0 ～ 0.803	0.310±0.262
JL	0.125 ～ 0.706	0.455±0.146**	0.349 ～ 1.126	0.679±0.191**
ZJ	0 ～ 0.098	0.012±0.026	0.190 ～ 7.500	2.237±2.259
YL	0 ～ 0.176	0.045±0.063	0.006 ～ 0.583	0.167±0.165
DZ	0 ～ 0.338	0.115±0.097	0 ～ 0.261	0.123±0.058

注："**"表示洪季、枯季 TN 含量存在显著性差异（$P < 0.01$）

5.3.2　总氮洪季、枯季分布特征

洪季辽宁大辽河口（LH）TN 含量西北部较高，山东黄河口（DY）靠近河口处稍高，上海长江口崇明东滩（DT）的近岸中部稍高，福建福州闽江口（FZ）的西部河口较高，广东珠江口（ZJ）的北部稍高，其他样点如青岛大沽河口（QD）、江苏苏北盐城浅滩（YC）、浙江慈溪杭州湾南岸（CX）、广西英罗湾（YL）和海南东寨港（DZ）高、中、低滩涂分布均匀（图 5.2）。对比 TN 含量的显著性发现，辽宁大辽河口（LH）、天津汉沽（HG）、山东黄河口、青岛大沽河口、江苏苏北盐城浅滩和上海长江口崇明东滩洪季、枯季差异明显，其中枯季辽宁大辽河口南北部无明显差别（图 5.3），天津汉沽西部 TN 含量高于东部，山东黄河口和青岛大沽河口高、中、低滩涂分布均匀，但与洪季相比，TN 含量偏低。枯季江苏苏北盐城浅滩和上海长江口崇明东滩的近岸 TN 含量较高。

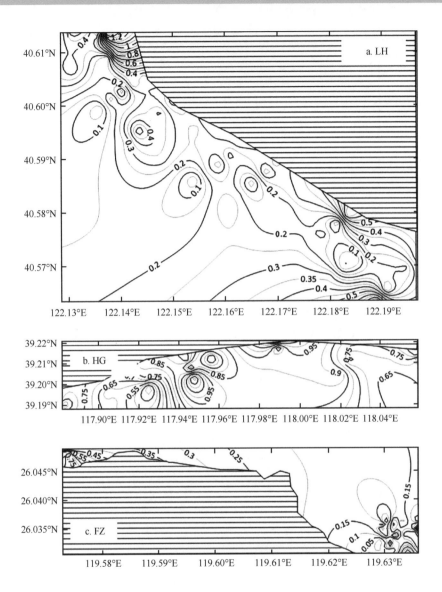

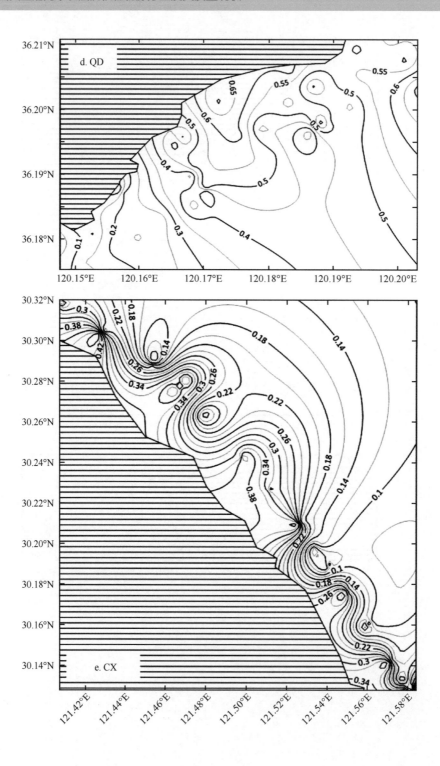

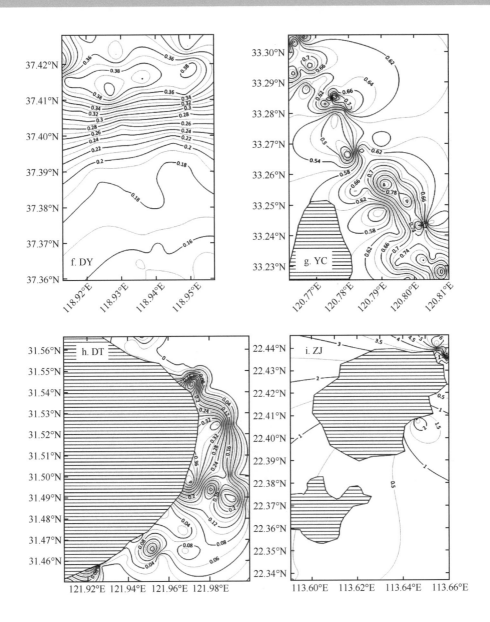

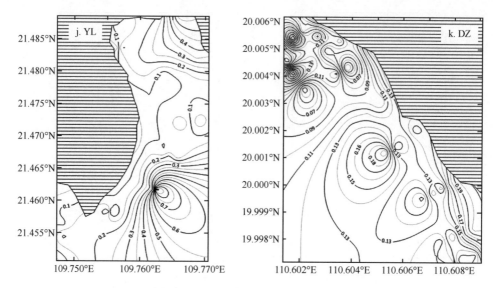

图 5.2　潮间带洪季沉积物 TN 含量分布（单位：g N/kg）

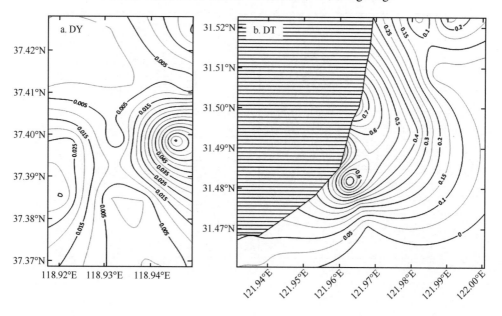

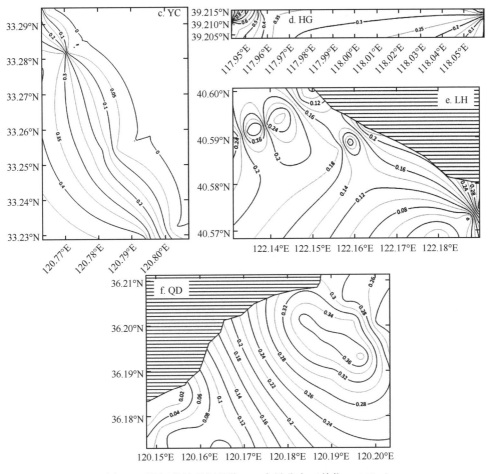

图 5.3　潮间带枯季沉积物 TN 含量分布（单位：g N/kg）

5.4　总磷分布特征

5.4.1　总磷洪季、枯季含量变化

潮间带沉积物中各样点总磷（TP）含量差别不大，除海南东寨港（DZ）和广西英罗湾（YL）的 TP 含量偏低外，其他样点的值域和均值都在一定范围内，没有明显的高低值变化特征（表 5.3）。天津汉沽（HG）、江苏苏北盐城浅滩（YC）、上海长江口崇明东滩（DT）、厦门九龙江口（JL）洪季、枯季的 TP 含量存在明显的差异。

表 5.3   表层沉积物中 TP 含量   （单位：g P/kg）

样点	TP（枯季）		TP（洪季）	
	范围	均值±偏差	范围	均值±偏差
LH	0.260～0.621	0.467±0.081	0.177～0.714	0.464±0.129
HG	0.598～0.911	0.751±0.086**	0.483～0.779	0.628±0.086**
DY	0.038～0.875	0.687±0.200	0.559～0.903	0.700±0.079
QD	0.253～0.647	0.511±0.123	0.262～0.632	0.471±0.097
YC	0.595～1.084	0.780±0.134**	0.349～0.938	0.661±0.119**
DT	0.056～0.891	0.678±0.093**	0.623～0.903	0.742±0.068**
CX	0.662～0.785	0.728±0.044	0.544～0.809	0.722±0.055
FZ	0.162～0.703	0.432±0.226	0.002～0.677	0.366±0.183
JL	0.349～0.864	0.594±0.138**	0.278～0.991	0.702±0.192**
ZJ	0.603～0.784	0.703±0.063	0.438～1.216	0.703±0.185
YL	0.062～0.462	0.148±0.112	0.087～0.510	0.192±0.099
DZ	0.147～0.342	0.220±0.056	0.133～1.852	0.301±0.243

注:"**"表示洪季、枯季 TP 含量存在显著性差异（$P < 0.01$）

5.4.2   总磷洪季、枯季分布特征

各样点洪季 TP 含量的分布在高、中、低潮滩比较均匀（图 5.4）。枯季（图 5.5）与洪季存在明显差别的样点，如天津汉沽（HG）、江苏苏北盐城浅滩（YC）和上海长江口崇明东滩（DT），在高、中、低潮滩没有明显的不均，但天津汉沽和江苏苏北盐城浅滩样点的枯季 TP 含量较高。总体上，南部的广西英罗湾（YL）和海南东寨港（DZ）的 TP 含量较其他样点低。

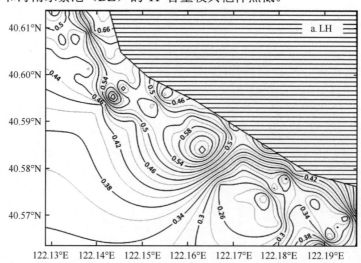

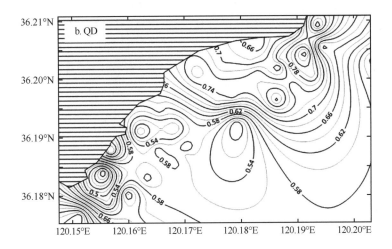

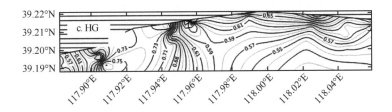

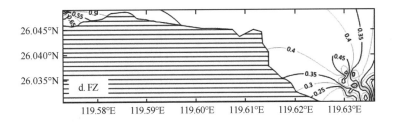

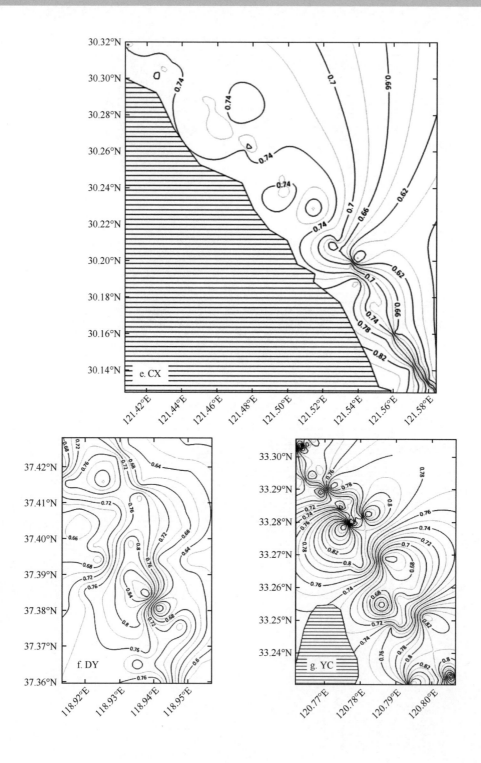

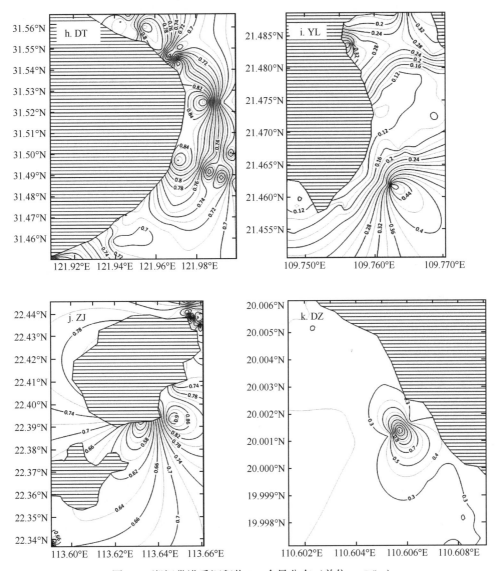

图 5.4　潮间带洪季沉积物 TP 含量分布（单位：g P/kg）

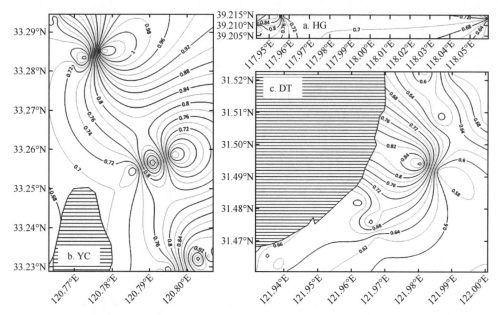

图 5.5　潮间带枯季沉积物 TP 含量分布（单位：g P/kg）

仅展示洪季、枯季分布有明显差别的区域

5.5　碳氮磷的变化趋势

本研究中，TOC 含量较高的样点位于渤海西侧的天津汉沽和厦门九龙江口，山东黄河口、江苏苏北盐城浅滩和广西英罗湾的 TOC 含量较低。山东黄河口、江苏苏北盐城浅滩较低的 TOC 含量与其沉积物以河流输送的矿质颗粒为主有关，加上多数区域植被稀少，造成了较低的 TOC 含量。天津汉沽和厦门九龙江口的颗粒物较细，属于泥质滩涂，易富集有机颗粒物。TOC 含量洪季、枯季变化不明显，表明其受水文、气温、短时沉积物输送的影响较弱，在一定时间内较稳定。与全球其他潮间带相比，如墨西哥湾或大西洋西岸的盐沼，我国典型潮间带表层沉积物 TOC 的含量远低于国外植被潮滩的 TOC 含量（Chmura et al.，2003），与受人类干扰较大的欧洲瓦登海的 TOC 含量接近，此类区域 TOC 含量都低于 10 g/kg。红树林表层 TOC 含量的低值可能与采样点集中于潮滩前部的光滩砂质沉积区有关。

本研究中辽宁大辽河口滩涂上 TN 含量较低，与罗先香等（2010）研究中的滩涂盐土中 TN 含量接近，都低于 1 g N/kg。山东黄河口 TN 含量为前人研究值的 1/4 或 1/3（刘成等，2005），主要是由于该采样点皆为光滩。本研究中青岛大沽河口（胶州湾）的 TN 含量与近 11 年前的胶州湾湾内的 TN 含量相当（0.31 mg/g）

（李学刚等，2005）。江苏苏北盐城浅滩沿岸滩地表层样品部分在光滩，部分在零星植被覆盖区，TN 含量均值与仲崇庆等（2010）的研究结论相近，如光滩低于 0.1 g N/kg，植被覆盖区则多在 0.2 g N/kg 以上。本研究中上海长江口崇明东滩表层样品光滩的 TN 含量多小于 0.3 g N/kg，相对先前的结果变化不大（张艳楠等，2012）。厦门九龙江口湿地 TN 含量在本研究中高于多数样点，但与其他研究相比，其表层样品中 TN 含量约为其他研究的 1/2（余小青等，2012），与采样地的具体设置有关，不过余小青等（2012）的研究表明，厦门九龙江口湿地的 TN 含量基本上高于国内其他滨海湿地。

相关研究表明，广东珠江口 TN 含量大于 1 g N/kg（岳维忠等，2007；贾国东等，2002），与本研究样品差别较大，可能是由滩地和河流底部沉积物的沉积环境因子差别引起，如扰动、粗细颗粒的混杂，这是由广东珠江口本身的复杂沉积环境引起的（赵焕庭，1990）。本研究中红树林 TN 含量比其他研究结果低一个数量级（尹毅和林鹏，1993；刘美龄等，2008），可能的原因是分析方法存在差异，如本研究为元素分析仪，其他研究多为凯氏定氮仪，本采样区多在外滩涂，离植被有一定距离，外滩涂沉积颗粒物较粗，加之热带地区温度高，故而含氮物质易被分解和冲刷走。辽宁大辽河口、天津汉沽、浙江慈溪杭州湾南岸和福建福州闽江口等地未能找到相近采样点的研究。总体上，研究区域沉积物中 TN 含量不高。

和 N 元素不同，几乎是无机态 P 参与海陆间 P 的循环，自然界中除去海水、上覆生物残体沉积有最大的 P 通量外（Mackenzie et al.，1993），其次为河流中 P 的输入通量，其中绝大多数为颗粒态 P。长江口以北沉积物的来源与历史上黄河或其支流的故道悬浮颗粒物输送有关（Milliman et al.，1987）。具体来看，不同采样区域中，渤海湾北部 TP 含量较低，如位于辽宁大辽河口的表层样，而渤海西部及黄海南部黄河故道入海口的 TP 含量较高，与先前的研究结论相近（李延等，1982；秦延文等，2005）。渤海沿岸潮间带中，天津汉沽 TP 含量较高，其历史上受天津北部河流排污影响（尹翠玲等，2015），营养盐含量高，同时其又为淤泥质滩涂，易吸附积累 P。最南部的广西英罗湾和海南东寨港，TP 含量最低，两采样区的土属于潮滩盐土，N、P 缺乏，先前调查表明 TP 含量为 0.008%～0.018%（广东省海岸带和海涂资源综合调查大队，1988）。红树林缺 P 的机制主要是该区域的沉积物受植物根际分泌的低分子质量有机酸的影响（Vazquez et al.，2000），此类有机酸通过与铝的螯合和配位体的交换反应（Fox et al.，1990），将铝结合态的磷释放入水体中（Hesse，1962），并同时将钙磷溶解（Vazquez et al.，2000），两红树林区域处于全日潮地带也有利于此溶解作用的进行，最终形成了低磷埋藏的沉积物。

5.6　小结

　　本章通过对我国典型潮间带表层沉积物中 TOC、TN、TP 的含量、空间分布和洪季、枯季变化等进行相关分析，得到如下结论。

　　1）我国潮间带的 TOC 含量整体较低，与潮间带沉积物来源、植被、岸线的人工化和气候等因素有关。

　　2）北部潮间带物质来源为大量的河流输送颗粒物，且颗粒物的无机碳含量高，有机质较少，加上近 10 年的快速沉积，导致植被和海洋生物对其影响较小，从而形成了碳、氮含量较低的局面。

　　3）磷的含量与成土母质有关，这在北部潮间带尤其明显。而南部受气候因素影响沉积物分化剧烈，如红树林地带的潮滩盐土受沉积物酸性环境、高温和潮流的影响，磷的含量较低。TP 的绝对含量基本上变动不大，与其主要为固态沉积物而非碳、氮有机态化合物参与循环转化有关。

第 6 章

潮间带表层沉积物重金属元素特征

重金属元素在潮间带的迁移转化是陆海相互作用过程研究的重要内容，它们不仅是全球物质循环的重要组成部分，还与人类的经济、社会活动密切相关（Audry et al.，2004）。重金属等污染物通过河流、大气沉降等方式输送入海，这些物质经过复杂的物理、化学和生物作用，大多被细颗粒沉积物所吸附，而后在河口和近岸区发生沉积。与一些有机化合物可以通过外界物理、化学或生物的净化降低或解除害性不同，重金属难以在环境中降解，呈现明显富集特征。

6.1 重金属研究概述

当前对于海岸带沉积物中重金属的研究主要涉及入海重金属元素的来源与分布、迁移转化、环境质量与赋存形态等方面。

重金属的来源与分布研究：母岩的自然风化和人类活动排放是海洋沉积物中重金属元素最主要的来源方式，重金属元素主要通过河流或者大气输送入海，且部分重金属元素的大气输入量甚至超过了河流输入量（陈立奇，1993a，1993b；Zhang et al.，1992）。它们在进入海洋过程中，在河口地区发生着强烈的"清除效应"，重金属元素在氧化物、氢氧化物、有机质及碳酸盐等作用下以不同的形态被颗粒物质所吸附，或在絮凝作用下转移到沉积物中，最终在河口和附近陆架泥质区沉积下来。研究表明，泥质区是我国东部陆架海域重要的"物质汇"，尤其是细粒沉积物及重金属的"汇"（郭志刚等，2000，2006；杨作升和陈晓辉，2007）。

重金属的迁移转化研究：人类活动会引起重金属在沉积物中发生富集，而重金属沉积记录是对经济发展和人类活动响应的最好诠释（Hao et al.，2008），沉积物中的重金属元素并不是一成不变的，在适当的条件下会发生迁移和转化。例如，冬季风暴或夏季台风海况触发沉积物再悬浮，引起重金属的再搬运和沉积；当周围环境物理化学条件（如 pH、Eh 等）发生改变（Atkinson et al.，2007），或者由于有机质的矿化、底部沉积物早期成岩作用（Gobeil et al.，1998）、生物作用等，沉积物中的部分重金属元素也会发生迁移转化，后者的发生往往与重金属在沉积物中的赋存形态密切相关。

重金属的环境质量与赋存形态研究：沉积物中的重金属常作为反映人类活动的替代性指标进行研究。因而，对沉积物中的重金属进行环境监测和质量评价具有十分重要的意义。前人进行环境评价多采用化学方法、生态学方法和毒理学方法，或者三者的综合运用（丁喜桂等，2005；张丽洁等，2003）。这些方法多是对重金属的总量进行研究，各种方法均有其优点和不足之处。已有研究表明，沉积物中重金属的总体含量一般难以表征其污染特征和生态危害，它们的毒性、迁移转化、环境危害实际上更多地取决于其在沉积物中的赋存相态（Calmano et al.，1993；Simpson et al.，2005；Atkinson et al.，2007），部分学者利用环境活性形态所占总量的比例来评价重金属的潜在迁移指数（potential mobile index，PMI）或风险评价指数（risk assessment code，RAC），再结合其他方法进行环境质量评价（姚藩照等，2010），显示了良好的研究前景。人类污染产生的重金属元素主要是叠加在沉积物的次生相中（姚藩照等，2010），通过对重金属的形态分析可以提取人类活动对重金属含量的贡献因子，反映人类活动对环境的影响。

潮间带重金属污染问题研究：郝静等（1989）对辽东湾沉积物中重金属 Cu、Pb、Zn、Cd 的时空分布进行了研究，确定了这几种元素的环境背景值。刘成等（2003）重点关注了环渤海湾各河口沉积物中重金属的含量及污染状况，研究表明重金属的含量在近年来普遍有增加的趋势，尤其是 Pb 和 Zn 含量增加的幅度较大。孟伟等（2006）分析了渤海湾潮间带沉积物中的重金属含量及污染状况，结果表明大沽河口潮滩沉积物中 Cd、Zn、Pb、Cr、As 和 Hg 受到了人为污染，其中 Pb、Zn、Cd 等元素在沉积物中的含量远高于其背景值。刘俐等（2006）发现，海河沉积物已受到重金属污染，重金属含量较渤海湾要高，含量最高的区域主要位于天津市区等工业发达、人口密集的地区。张雷等（2011）对环渤海 11 个采样点潮间带沉积物中重金属的含量进行了测定，地累积指数法评价结果显示，Cr、Cu、Zn、As 属于清洁级别，Pb 处于轻度污染水平，Cd 处于偏中度污染水平。胡宁静等（2010）、张现荣等（2012）对辽东湾表层沉积物中重金属的含量和污染状况进行了研究，发现辽东湾重金属含量呈现明显的北高南低的空间分布特征，该区域大部分海域底质沉积物的质量良好。Gao 和 Chen（2012）、Gao 等（2016）对渤海湾近岸表层沉积物中重金属的总量和赋存形态进行了分析，发现沉积物中 Cd 的活动性较强，存在一定程度的污染。刘宏伟等（2015）分析了北戴河近岸海域表层沉积物中重金属的含量和空间分布特征，利用修正综合指数法和潜在生态风险指数法对其污染程度进行了评价。许艳等（2017）对渤海典型海湾近年来沉积物中的重金属含量进行了分析，地累积指数法的评价结果显示，沉积物中重金属 Cd 属于轻度污染，其余重金属未发生污染。

多元统计方法是沉积物重金属源解析的重要手段。多元统计方法较多，主要包括主成分分析、相关性分析、多元线性-主成分分析、聚类分析等。源解析是在源确定方面进一步定量化分析，但大量研究通常都是在源未知的情况下开展的，而主成分分析就可以在事先不了解源的个数及其特点的情况下开展，因此被广泛应用于源分析。蔡龙炎（2010）基于主成分分析法对泉州湾表层沉积物中重金属污染的可能来源进行了分析。夏鹏等（2011）通过主成分分析发现连云港近岸海域沉积物中 Cu、Zn 和 Cr 以自然来源为主，主要赋存于细粒黏土矿物中；Pb、Cd 和 As 除受环境背景贡献外，还受到人为活动排污的明显影响。宋永刚等（2015）运用主成分分析法和聚类分析法对辽东湾春、夏两季表层沉积物中重金属的来源进行了分析，发现春、夏两季重金属来源存在一定差异，但两种方法确定的物质来源类型相似。

6.2 Cu、Pb、Zn、Cd、Cr

6.2.1 洪季、枯季含量变化

为方便讨论，调查站点按地理位置分别为渤海（A1～A4）[A1，辽宁大辽河口（LH）；A2，河北北戴河（BDH）；A3，天津汉沽（HG）；A4，山东黄河口（DY）]、黄海（A5～A7）[A5，烟台四十里湾（YT）；A6，青岛大沽河口（QD）；A7，江苏苏北盐城浅滩（YC）]、东海（A8～A11）[A8，上海长江口崇明东滩（DT）；A9，浙江慈溪杭州湾南岸（CX）；A10，福建福州闽江口（FZ）；A11，厦门九龙江口（JL）]、南海（A12～A14）[A12，广东珠江口（ZJ）；A13，广西英罗湾（YL）；A14，海南东寨港（DZ）]，具体站位详见图 1.1。

5 个海湾由北至南依次为天津渤海湾（A3）、青岛胶州湾（A6）、浙江慈溪杭州湾（A9）、广西英罗湾（A13）和海南东寨港湾（A14）；6 个典型河口区由北至南依次为辽宁大辽河口（A1）、山东黄河口（A4）、上海长江口崇明东滩（A8）、福建福州闽江口（A10）、厦门九龙江口（A11）、广东珠江口（A12）。

我国 14 个采样点的重金属元素含量统计特征见表 6.1，不同海区、不同站位的各重金属元素含量表现出了明显的空间分异（图 6.1）。就 14 个采样点而言，5 种重金属 Cu、Pb、Zn、Cd、Cr 的含量范围分别为 0.25～133.23 mg/kg、1.02～176.40 mg/kg、1.92～208.12 mg/kg、0.00～0.60 mg/kg、0.82～146.70 mg/kg，平均含量分为 19.6 mg/kg、29.18 mg/kg、68.92 mg/kg、0.16 mg/kg、54.8 mg/kg。

表 6.1　重金属元素含量统计特征表　　　　　　（单位：mg/kg）

海域		指标	Cu	Pb	Zn	Cd	Cr
渤海	A1 （n=20）	平均值	18.90	24.89	71.33	0.21	55.96
		最小值	8.42	18.54	32.99	0.12	25.97
		最大值	29.37	31.62	107.20	0.26	76.38
	A2 （n=12）	平均值	3.36	13.64	24.01	0.05	14.40
		最小值	2.67	12.07	16.86	0.01	5.98
		最大值	4.72	15.84	34.46	0.12	32.83
	A3 （n=16）	平均值	30.14	28.11	99.82	0.15	88.30
		最小值	22.85	22.96	77.68	0.14	76.06
		最大值	37.38	33.60	117.01	0.20	99.86

续表

海域		指标	Cu	Pb	Zn	Cd	Cr
渤海	A4 (*n*=15)	平均值	16.52	11.92	42.20	0.13	69.27
		最小值	11.93	10.71	34.37	0.10	52.01
		最大值	21.19	15.45	50.29	0.15	83.30
	变异系数（%）		54	36	49	44	46
黄海	A5 (*n*=15)	平均值	2.98	19.08	8.84	0.03	13.57
		最小值	1.36	13.77	1.92	0.01	4.07
		最大值	5.02	26.36	16.88	0.04	32.52
	A6 (*n*=15)	平均值	24.60	26.48	70.08	0.12	64.83
		最小值	10.63	19.57	34.28	0.08	47.49
		最大值	35.02	32.07	98.78	0.14	82.22
	A7 (*n*=20)	平均值	16.75	18.57	56.21	0.21	88.81
		最小值	10.05	13.99	36.82	0.14	69.57
		最大值	31.20	29.37	98.44	0.51	146.70
	变异系数（%）		71	26	67	75	59
东海	A8 (*n*=16)	平均值	29.08	24.24	86.55	0.17	74.56
		最小值	11.49	14.74	48.15	0.12	62.00
		最大值	45.20	36.91	121.18	0.25	91.06
	A9 (*n*=15)	平均值	42.52	32.53	116.66	0.15	95.88
		最小值	24.33	19.23	74.43	0.12	72.42
		最大值	56.50	40.03	140.61	0.18	121.14
	A10 (*n*=14)	平均值	17.36	52.86	96.68	0.19	38.42
		最小值	3.39	32.29	50.57	0.05	12.70
		最大值	45.10	83.01	180.52	0.33	81.64
	A11 (*n*=15)	平均值	43.42	74.33	180.63	0.31	67.59
		最小值	30.36	63.75	149.90	0.23	33.66
		最大值	133.23	90.92	208.12	0.39	80.37
	变异系数（%）		56	49	39	39	37
南海	A12 (*n*=15)	平均值	16.74	63.94	64.37	0.23	22.76
		最小值	2.11	10.39	7.41	0.04	0.82
		最大值	60.95	176.40	191.18	0.60	92.96
	A13 (*n*=15)	平均值	2.21	4.81	8.47	0.06	14.38
		最小值	0.25	1.02	2.10	0.00	1.14
		最大值	9.22	12.87	34.52	0.18	101.25

续表

海域	指标		Cu	Pb	Zn	Cd	Cr
南海	A14 (*n*=15)	平均值	6.97	16.70	33.29	0.13	35.31
		最小值	5.07	12.36	23.00	0.11	24.13
		最大值	8.93	20.74	42.29	0.17	44.70
	变异系数（%）		143	133	118	91	102

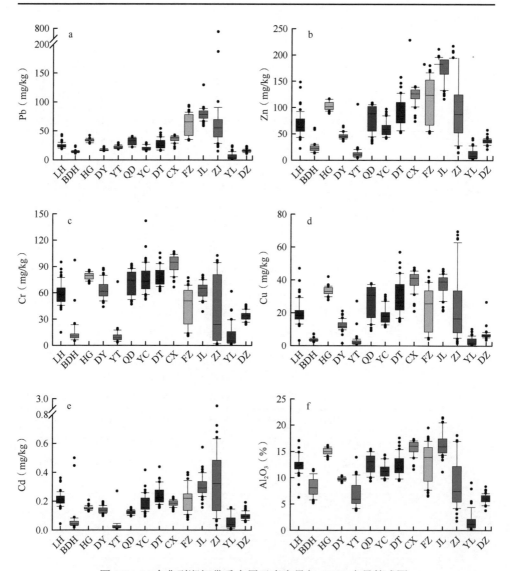

图 6.1　14 个典型潮间带重金属元素含量与 Al$_2$O$_3$ 含量箱式图

1）渤海海域 5 种重金属中，Cu 含量范围为 2.67 ～ 37.38 mg/kg，均值为 18.23 mg/kg；Pb 含量范围为 10.71 ～ 33.60 mg/kg，均值为 20.48 mg/kg；Zn 含量范围为 16.86 ～ 117.01 mg/kg，均值为 62.62 mg/kg；Cd 含量范围为 0.01 ～ 0.26 mg/kg，均值为 0.15 mg/kg；Cr 含量范围为 5.98 ～ 99.86 mg/kg，均值为 59.42 mg/kg。

2）黄海海域 Cu、Pb、Zn、Cd、Cr 的含量范围分别为 1.36 ～ 35.02 mg/kg、13.77 ～ 32.07 mg/kg、1.92 ～ 98.78 mg/kg、0.01 ～ 0.51 mg/kg、4.07 ～ 146.7 mg/kg，平均含量分别为 14.98 mg/kg、21.1 mg/kg、46.16 mg/kg、0.13 mg/kg、59.04 mg/kg。

3）东海海域 Cu、Pb、Zn、Cd、Cr 的含量范围分别为 3.39 ～ 133.23 mg/kg、14.74 ～ 90.92 mg/kg、48.15 ～ 208.12 mg/kg、0.05 ～ 0.39 mg/kg、12.70 ～ 121.14 mg/kg，平均含量分别为 33.36 mg/kg、45.87 mg/kg、120.53 mg/kg、0.21 mg/kg、69.63 mg/kg；

4）南海海域 Cu、Pb、Zn、Cd、Cr 的含量范围分别为 0.25 ～ 60.95 mg/kg、1.02 ～ 176.40 mg/kg、2.10 ～ 191.18 mg/kg、0.00 ～ 0.60 mg/kg、0.82 ～ 101.25 mg/kg，平均含量分别为 8.64 mg/kg、28.48 mg/kg、35.38 mg/kg、0.14 mg/kg、24.15 mg/kg。不同海区各重金属元素含量的变异系数具有明显差异，顺序依次是：南海＞黄海＞渤海＞东海，其中南海各重金属元素含量的变异系数最大，重金属元素含量的变化范围最大，说明南海各处调查区域存在空间分布的不平衡。

6.2.2　洪季、枯季空间分布特征

（1）不同海区

重金属元素 Cu、Zn、Cd、Cr 含量具有相似的空间变化趋势（图 6.2）：高值区位于东海，次高值在渤海，低值区在黄海和南海。而 Pb 含量高值区位于东海，次高值在南海，低值区在渤海和黄海。总体而言，东海各重金属元素含量均最高，渤海含量次之（Pb 除外）。

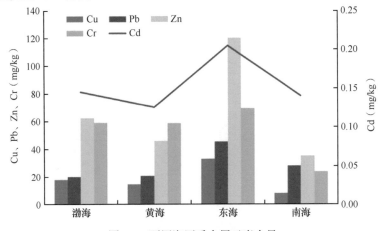

图 6.2　不同海区重金属元素含量

（2）典型海湾

从我国 14 个典型潮间带海域选取 5 处海湾进行重金属分布特征分析，由图 6.3 可知，天津渤海湾、青岛胶州湾、浙江慈溪杭州湾中重金属元素含量较高，而位于南海的广西英罗湾和海南东寨港湾重金属元素含量较低。其中，浙江慈溪杭州湾重金属元素含量最高，广西英罗湾重金属元素含量最低，重金属 Cu 含量最大相差约 20 倍。

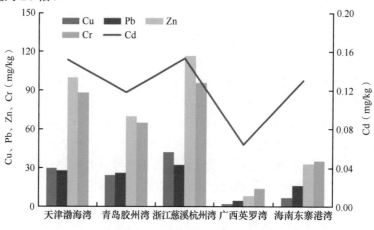

图 6.3　典型海湾重金属元素含量

（3）典型河口

选取 6 处典型河口进行重金属分布特征分析，由图 6.4 可知，Cu、Pb、Zn

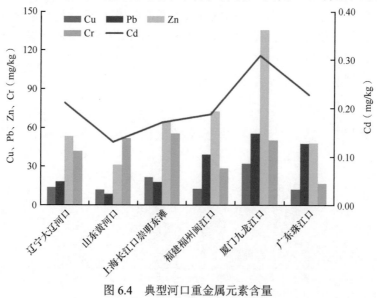

图 6.4　典型河口重金属元素含量

和 Cd 含量在厦门九龙江口最高，在山东黄河口最低；Cr 含量在辽宁大辽河口、山东黄河口、上海长江口崇明东滩、福建福州闽江口和厦门九龙江口变化不大，在广东珠江口最低；Cu、Pb、Zn 和 Cd 这 4 种元素在空间分布上表现出相似性。

（4）不同沉积物类型

沉积物粒度是影响沉积物中重金属元素含量的重要因素（Pedrerons et al.，1996；Balsam and Beeson，2003），不同调查区域之间沉积物粒度组成存在显著性差异，我国 14 个典型潮间带海域根据沉积物类型划分为 4 类：粉砂质黏土（辽宁大辽河口、山东黄河口、青岛大沽河口、江苏苏北盐城浅滩、上海长江口崇明东滩）、砂（河北北戴河、烟台四十里湾、广西英罗湾）、黏土（天津汉沽、浙江慈溪杭州湾南岸、厦门九龙江口）、粉砂质砂（福建福州闽江口、广东珠江口、海南东寨港）。

由于 Al_2O_3 和 TFe_2O_3 等氧化物多赋存于细粒黏土矿物中，与粒度呈线性变化关系，因此 Al_2O_3 和 TFe_2O_3 含量是良好的粒度指示参数。由图 6.5 知，重金属元素含量随 Al_2O_3 含量的增加而发生同步递增，重金属元素含量在不同沉积物类型中差异较大，据此分析，砂中重金属元素含量最低，黏土中含量最高。除 Pb 和 Cd 外，其余元素在四类沉积物中含量总体表现为：黏土＞粉砂质黏土＞粉砂质砂＞砂。

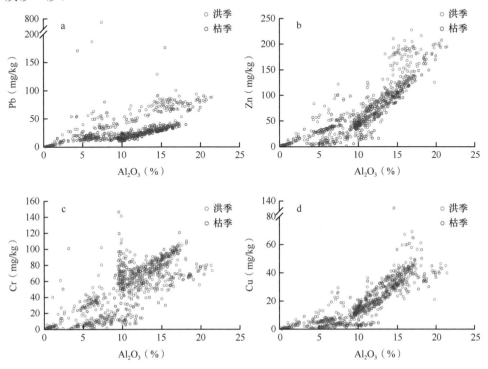

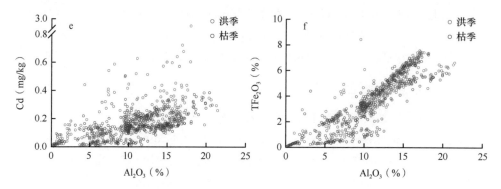

图 6.5　重金属元素和 TFe$_2$O$_3$ 含量与 Al$_2$O$_3$ 含量的散点关系图

14 个典型潮间带洪季表层沉积物中重金属元素分布特征见图 6.6 ～图 6.19。

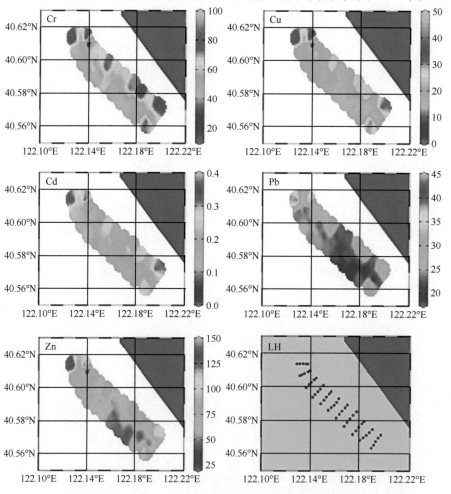

图 6.6　辽宁大辽河口（LH）洪季表层沉积物中重金属元素分布特征（单位：mg/kg）

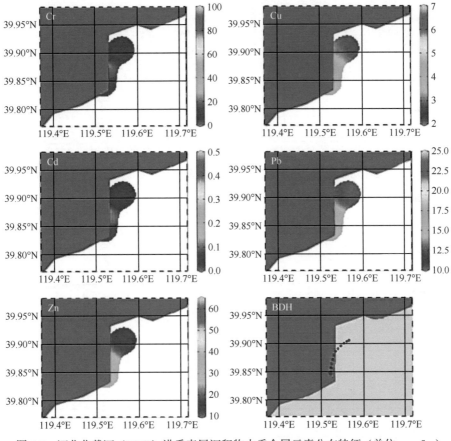

图 6.7　河北北戴河（BDH）洪季表层沉积物中重金属元素分布特征（单位：mg/kg）

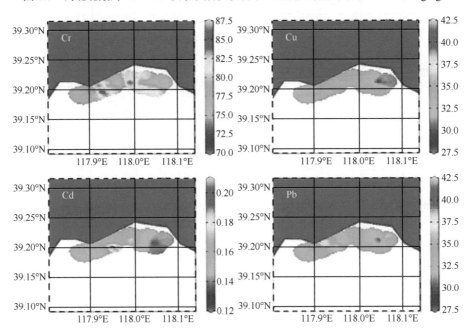

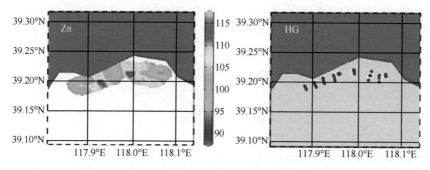

图 6.8　天津汉沽（HG）洪季表层沉积物中重金属元素分布特征（单位：mg/kg）

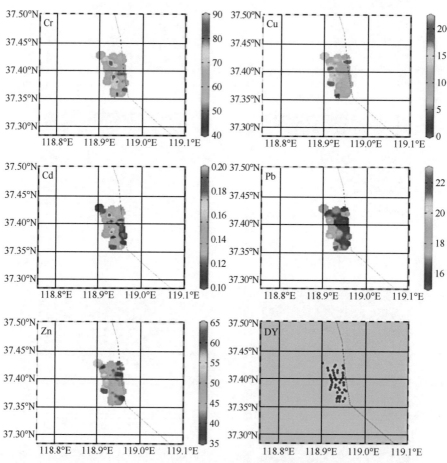

图 6.9　山东黄河口（DY）洪季表层沉积物中重金属元素分布特征（单位：mg/kg）

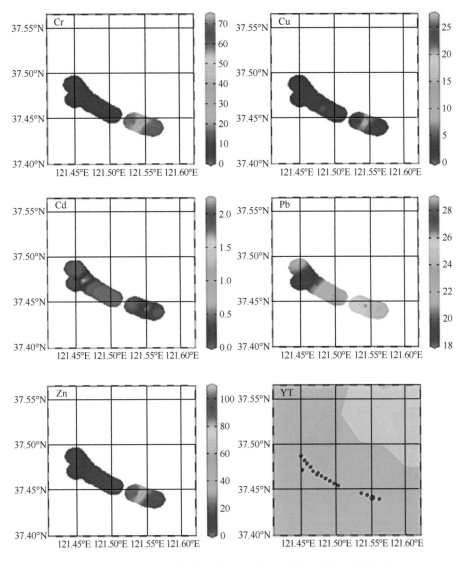

图 6.10　烟台四十里湾（YT）洪季表层沉积物中重金属元素分布特征（单位：mg/kg）

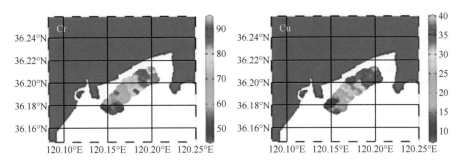

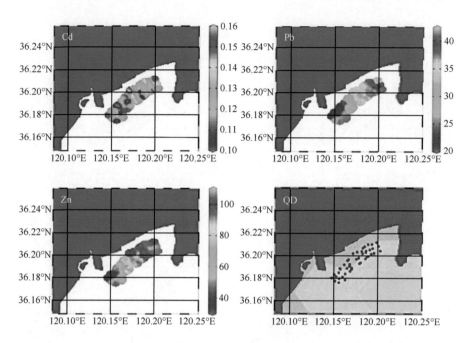

图 6.11　青岛大沽河口（QD）洪季表层沉积物中重金属元素分布特征（单位：mg/kg）

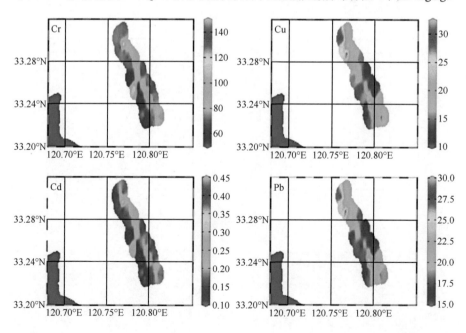

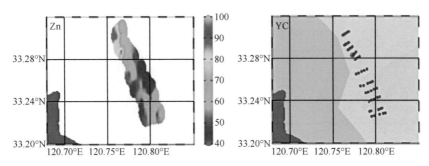

图 6.12　江苏苏北盐城浅滩（YC）洪季表层沉积物中重金属元素分布特征（单位：mg/kg）

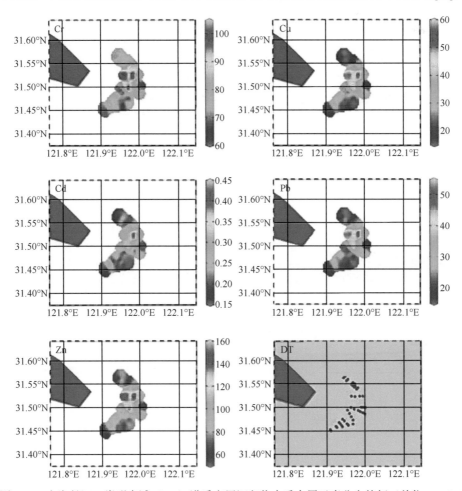

图 6.13　上海长江口崇明东滩（DT）洪季表层沉积物中重金属元素分布特征（单位：mg/kg）

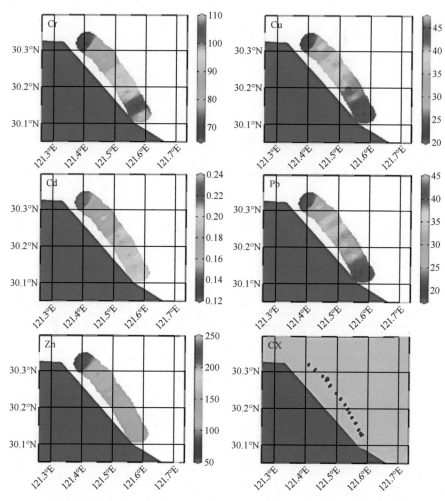

图 6.14　浙江慈溪杭州湾南岸（CX）洪季表层沉积物中重金属元素分布特征（单位：mg/kg）

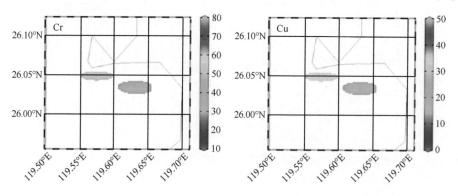

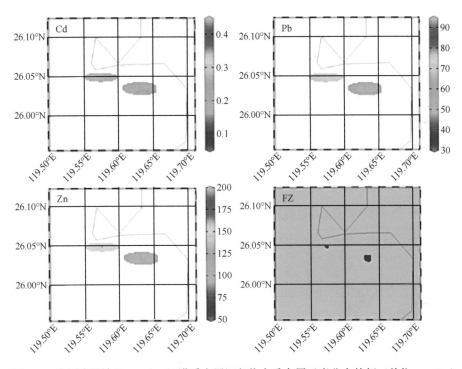

图 6.15　福建福州闽江口（FZ）洪季表层沉积物中重金属元素分布特征（单位：mg/kg）

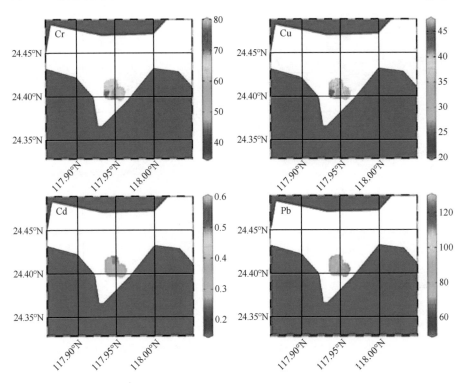

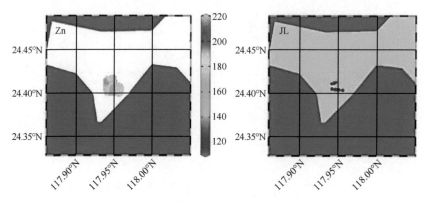

图 6.16 厦门九龙江口（JL）洪季表层沉积物中重金属元素分布特征（单位：mg/kg）

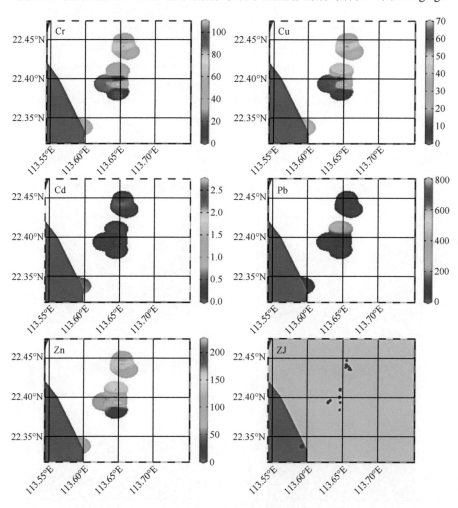

图 6.17 广东珠江口（ZJ）洪季表层沉积物中重金属元素分布特征（单位：mg/kg）

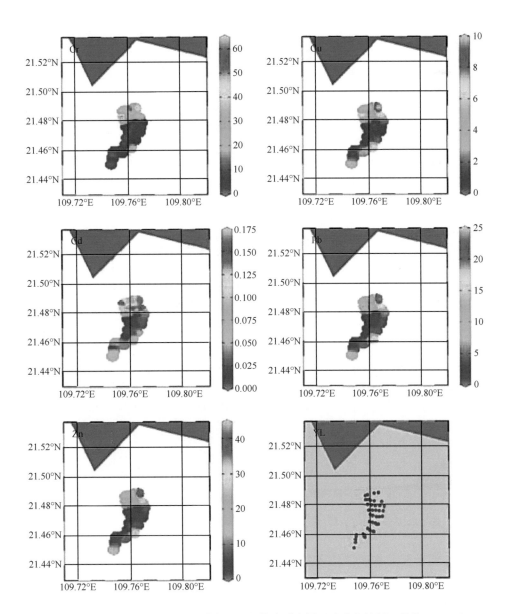

图 6.18　广西英罗湾（YL）洪季表层沉积物中重金属元素分布特征（单位：mg/kg）

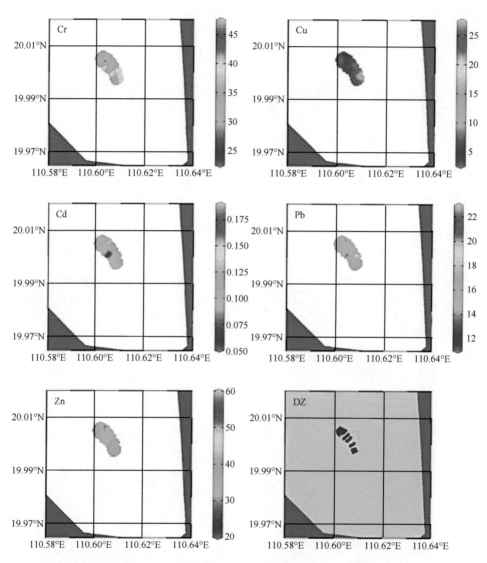

图 6.19　海南东寨港（DZ）洪季表层沉积物中重金属元素分布特征（单位：mg/kg）

6.2.3　重金属分布驱动因子分析

（1）相关分析和源解析

使用 SPSS 13.0 软件分析了研究区表层沉积物中重金属元素的相关关系（表 6.2）。就全国而言，除 Pb-Cr 之外，5 种重金属元素含量两两之间均呈现极显著正相关关系；就不同区域而言，A1、A2、A3、A8、A9、A10、A13 站点 5 种

表 6.2　重金属元素相关性分析

区域	元素	Cu	Pb	Zn	Cd	Cr
全国（n=218）	Cu	1				
	Pb	0.461**	1			
	Zn	0.862**	0.677**	1		
	Cd	0.573**	0.568**	0.718**	1	
	Cr	0.665**	0.128	0.623**	0.550**	1
A1	Cu	1				
	Pb	0.991**	1			
	Zn	0.997**	0.989**	1		
	Cd	0.865**	0.877**	0.876**	1	
	Cr	0.925**	0.933**	0.930**	0.914**	1
A2	Cu	1				
	Pb	0.729**	1			
	Zn	0.911**	0.913**	1		
	Cd	0.646*	0.899**	0.805**	1	
	Cr	0.889**	0.592*	0.788**	0.668*	1
A3	Cu	1				
	Pb	0.981**	1			
	Zn	0.979**	0.970**	1		
	Cd	0.708**	0.720**	0.706**	1	
	Cr	0.895**	0.906**	0.891**	0.711**	1
A4	Cu	1				
	Pb	0.536*	1			
	Zn	0.923**	0.767**	1		
	Cd	0.352	-0.036	0.248	1	
	Cr	0.452	0.007	0.331	0.570*	1

区域	元素	Cu	Pb	Zn	Cd	Cr
A5	Cu	1				
	Pb	-0.262	1			
	Zn	0.876**	-0.299	1		
	Cd	0.023	-0.123	0.029	1	
	Cr	0.748**	-0.621*	0.668**	0.395	1
A6	Cu	1				
	Pb	0.941**	1			
	Zn	0.984**	0.968**	1		
	Cd	-0.253	-0.235	-0.307	1	
	Cr	0.923**	0.839**	0.887**	-0.039	1
A7	Cu	1				
	Pb	0.989**	1			
	Zn	0.998**	0.985**	1		
	Cd	-0.454*	-0.354	-0.484*	1	
	Cr	-0.216	-0.102	-0.244	0.937**	1
A8	Cu	1				
	Pb	0.974**	1			
	Zn	0.991**	0.973**	1		
	Cd	0.714**	0.775**	0.702**	1	
	Cr	0.905**	0.924**	0.884**	0.696**	1
A9	Cu	1				
	Pb	0.981**	1			
	Zn	0.981**	0.997**	1		
	Cd	0.908**	0.932**	0.934**	1	
	Cr	0.907**	0.898**	0.913**	0.867**	1

区域	元素	Cu	Pb	Zn	Cd	Cr
A10	Cu	1				
	Pb	0.968**	1			
	Zn	0.992**	0.989**	1		
	Cd	0.927**	0.880**	0.905**	1	
	Cr	0.987**	0.986**	0.991**	0.902**	1
A11	Cu	1				
	Pb	-0.241	1			
	Zn	0.166	0.806**	1		
	Cd	-0.022	0.673**	0.646**	1	
	Cr	-0.831**	0.469	0.276	0.141	1
A12	Cu	1				
	Pb	0.184	1			
	Zn	0.969**	0.311	1		
	Cd	0.901**	0.241	0.910**	1	
	Cr	0.971**	0.145	0.940**	0.859**	1
A13	Cu	1				
	Pb	0.871**	1			
	Zn	0.986**	0.803**	1		
	Cd	0.854**	0.901**	0.800**	1	
	Cr	0.940**	0.655**	0.969**	0.684**	1
A14	Cu	1				
	Pb	0.656**	1			
	Zn	0.687**	0.832**	1		
	Cd	0.361	0.227	0.132	1	
	Cr	0.590**	0.487	0.679**	0.393	1

注："**"表示具有极显著性差异，即 $P < 0.01$；"*"表示具有显著性差异，即 $P < 0.05$

重金属元素含量两两之间均呈现极显著或显著正相关关系，A6、A7、A12、A14站位重金属元素含量之间有 5 对及以上呈极显著或显著正相关关系，A4、A5、A11 仅有 4 对呈极显著或显著正相关关系。

重金属元素在沉积物中的沉积、分布变化主要受陆上排污及海湾与河口水动力条件的影响和控制。由沉积物重金属元素含量水平可以判断研究区受污染的程度，根据重金属元素含量的分布可以追踪其污染源，在某种程度上了解其扩散范围，近海沉积物重金属元素含量水平可真实地反映一个地区的环境质量现状（杨守业和李从先，1999b；刘明和范德江，2009）。全国及大部分站位的重金属元素具有显著的相关性，且仅有一个主成分，可以推断重金属元素具有较为统一的来源，近几十年为我国海岸带区域城镇化、工业化快速发展的重要时期，不可避免地给海岸带生态系统带来较大的污染压力，且不同位置的开发类型、强度和规模具有一定差别，使得全国不同区域沉积物环境质量表现出明显的空间分异。

主成分分析结果显示，全国及 A1、A2、A3、A6、A8、A9、A10、A12、A13、A14 站点中重金属元素只有一个主成分；而 A4、A5、A7、A11 中有两个主成分（表 6.3），累计贡献率为 79.24% ～ 99.25%。

表 6.3　重金属主成分分析结果

区域	主成分	Cu	Pb	Zn	Cd	Cr	特征值	贡献率（%）	累计贡献率（%）
A4	PC1	0.933	0.679	0.947	0.483	0.569	2.78	55.69	55.69
	PC2	−0.058	−0.612	−0.278	0.727	0.672	1.43	28.68	84.37
A5	PC1	0.883	−0.601	0.864	0.267	0.936	2.84	56.70	56.70
	PC2	−0.357	−0.320	−0.357	0.849	0.220	1.13	22.54	79.24
A7	PC1	0.952	0.911	0.962	−0.702	−0.496	3.4	68.01	68.01
	PC2	0.302	0.407	0.271	0.701	0.861	1.56	31.24	99.25
A11	PC1	−0.389	0.933	0.810	0.750	0.653	2.67	53.38	53.38
	PC2	0.894	0.141	0.467	0.399	−0.706	1.70	33.90	87.28

（2）自然和人为因子剖析

就不同海区而言，东海污染最严重，渤海污染次之。前文提及，水中的重金属元素会经过物理化学作用富集在表层沉积物中，根据环境保护部 2016 年 8 月公布的《2015 中国近岸海域环境质量公报》，东海近岸海域水质极差，渤海近岸海域水质一般，黄海和南海近岸海域水质良好。2015 年我国四大海区直排海废水量分别为东海 39.61 亿 t、南海 10.18 亿 t、黄海 10.47 亿 t、渤海 2.19 亿 t，不难发现，东海排污量比其他三个海区排污总量还高。渤海因为三面为陆地，为相对封闭的海域，虽排污量最低，但交换条件较差，影响污染物与湾外水体的混合，不利于海水自净，污染物排放对海水影响严重。

就不同典型海湾而言，渤海湾的调查站位位于天津市东北部，近年来，由于天津市滨海新区发展迅速，围填海规模巨大，潮间带面临巨大的环境压力。胶州湾调查站位位于青岛市胶州湾北岸，该区域是封闭程度较高的海湾潮间带类型，受工农业污染影响严重。杭州湾调查站位位于杭州湾南岸，是我国典型的强潮型海湾，背靠的杭州、宁波等城市也是我国城镇化快速发展的地区之一。英罗湾和东寨港湾调查站位位于我国典型的红树林分布区，其周边区域社会经济发展程度较低。可以发现，渤海湾、胶州湾、杭州湾由于所在区域城镇化、工业化程度较高，重金属排放量较大，因此其重金属含量总体偏高。

就不同典型河口而言，大辽河口调查站位位于辽宁盘锦的西南方，是典型的盐沼芦苇湿地分布区，同时受油田开发、围垦等人为活动影响。山东黄河口调查站位位于黄河三角洲南翼，具有完整的高潮滩、中潮滩和低潮滩，周边区域农业较为发达。长江口调查站位位于崇明岛东部海堤外，是典型的河口型潮汐滩涂湿地，潮滩植被群落分布完整，是我国径流量、流域面积最大河流的入海口。闽江口调查站位潮间带沉积物类型多样，周边海域开发类型较复杂。九龙江口调查站位邻近厦门市，周边区域海岛密布，对其水动力条件构成较大影响，同时，厦门及其周边区域开发利用较为剧烈，对生态环境造成了严重威胁。珠江口位于我国径流量第二大河流珠江的入海口，所在区域是我国工业化、城市化最早和最发达的区域之一。较差的水动力条件和较大的污染物排放压力导致九龙江口调查区域重金属元素含量较高，黄河口调查站位周边区域城镇化和工业化程度不高，重金属元素来源较少，因此其重金属元素含量总体较低。

6.3　Hg 和 As

6.3.1　枯季、洪季含量变化

我国 14 个典型潮间带枯季表层沉积物 Hg 的含量范围为 0 ～ 0.15 mg/kg，均值为 0.03 mg/kg（表 6.4），小于第一类海洋沉积物质量标准和阈值效应水平（TEL）（表 6.5）；洪季 Hg 的含量范围为 0 ～ 0.32 mg/kg，均值为 0.05 mg/kg，小于第一类海洋沉积物质量标准和 TEL，枯季和洪季 Hg 含量相差不大。枯季表层沉积物 As 的含量范围为 0.64 ～ 90.68 mg/kg，均值为 22.28 mg/kg，大于第一类海洋沉积物质量标准；洪季 As 的含量范围为 0 ～ 30.88 mg/kg，均值为 8.50 mg/kg，小于第一类海洋沉积物质量标准。

枯季和洪季 As 的含量均在 TEL 和可能效应水平（PEL）之间，沉积物中的 As 可能会对研究区域周围环境产生负面生物效应。枯季 As 的含量大于洪季，一方面可能是由于洪季降水量比较大，沉积物与上覆水体原有的平衡被打破，沉积物中的金属进入水体，因此沉积物中 As 含量降低；另一方面也可能是受人为活动的影响。枯季和洪季表层沉积物中 Hg 和 As 的变异系数均大于 60%，说明全国潮间带表层沉积物 Hg 和 As 的变化差异较大。

表 6.4　14 个典型潮间带表层沉积物 Hg 和 As 的含量范围、均值、标准偏差和变异系数

元素	枯季				洪季			
	范围 (mg/kg)	均值 (mg/kg)	标准偏差 (mg/kg)	变异系数 (%)	范围 (mg/kg)	均值 (mg/kg)	标准偏差 (mg/kg)	变异系数 (%)
Hg	0～0.15	0.03	0.03	100	0～0.32	0.05	0.06	120
As	0.64～90.68	22.28	19.05	85.5	0～30.88	8.50	5.52	64.94

表 6.5　沉积物质量指南

沉积物质量指南		Hg (mg/kg)	As (mg/kg)	备注
海洋沉积物质量标准（国家海洋局，2002）	第一类海洋沉积物质量标准	0.2	20	适用于人类生活、娱乐活动区和野生生物自然保护区等
	第二类海洋沉积物质量标准	0.5	65	适用于一般工业用水区，滨海风景旅游区
	第三类海洋沉积物质量标准	1	93	适用于海洋港口水域，特殊用途的海洋开发作业区
生物影响水平（Zhuang and Gao，2015；乔永民等，2004）	阈值效应水平（threshold effect level，TEL）	0.13	7.3	≤TEL 几乎不产生负面生物效应；TFL～PEL 可能产生负面生物效应；≥PEL 一般会产生负面生物效应
	可能效应水平（probable effect level，PEL）	0.7	41.6	

表 6.6 列举了全国 14 个典型潮间带区域枯季和洪季表层沉积物 Hg 的含量范围、均值和变异系数。全国 14 个典型潮间带区域表层沉积物 Hg 的含量均小于第一类海洋沉积物质量标准和 TEL，说明沉积物中的 Hg 几乎不会产生负面生物效应。其中，天津汉沽、浙江慈溪杭州湾南岸、厦门九龙江口、海南东寨港表层沉积物中 Hg 的变异系数小于 40%，Hg 的空间变化差异较小；其他区域 Hg 的变异系数多大于 40%，Hg 的空间变化差异较大，其中广东珠江口和广西英罗湾枯季 Hg 的变异系数分别为 168.75% 和 250%，主要是由于这两个区域沉积物样品基本为砂质样品，有些样品颗粒较大，对金属的吸附能力小，因此样品之间 Hg 含量相差较大。

表 6.6　14 个典型潮间带表层沉积物 Hg 的含量范围、均值、变异系数和背景值

研究区域	枯季			洪季			背景值（mg/kg）
	范围（mg/kg）	均值（mg/kg）	变异系数（%）	范围（mg/kg）	均值（mg/kg）	变异系数（%）	
辽宁大辽河口	0.021～0.082	0.044	38.64	0.018～0.109	0.039	46.15	0.19（Yang et al.，2008）
河北北戴河	0.003～0.009	0.005	40	0～0.019	0.007	71.43	0.015（刘宏伟等，2015）
天津汉沽	0.015～0.047	0.031	22.58	0.021～0.039	0.028	14.29	0.05（Liu et al.，2013）
山东黄河口	0.008～0.029	0.013	38.46	0.007～0.040	0.014	50	0.019（CEPA，1990）
烟台四十里湾	0～0.007	0.003	66.67	0.002～0.023	0.008	50	0.019（CEPA，1990）
青岛大沽河口	0.010～0.058	0.04	35	0.006～0.072	0.038	42.11	0.019（CEPA，1990）
江苏苏北盐城浅滩	0～0.080	0.017	100	0.007～0.041	0.020	40	0.05（Liu et al.，2013）
上海长江口崇明东滩	0.004～0.078	0.039	61.54	0.030～0.305	0.112	56.25	0.13（陶征楷等，2014）
浙江慈溪杭州湾南岸	0.017～0.050	0.034	26.47	0.044～0.150	0.080	18.75	0.039（柴小平等，2015）
福建福州闽江口	0～0.148	0.058	101.7	0.002～0.212	0.081	66.67	0.081（刘用清等，1995）
厦门九龙江口	0.029～0.116	0.080	26.25	0.020～0.288	0.121	31.40	0.081（刘用清等，1995）
广东珠江口	0～0.142	0.032	168.75	0～0.302	0.111	84.68	0.17（甘华阳等，2010）
广西英罗湾	0～0.019	0.002	250	0～0.06	0.02	70	0.025（林钟扬等，2011）
海南东寨港	0.009～0.030	0.020	30	0.005～0.038	0.016	37.5	0.025（林钟扬等，2011）

注：由于沉积物中 Hg 元素的含量受控于粒度，文献中的背景值仅供参考

表 6.7 列举了全国 14 个典型潮间带枯季和洪季表层沉积物中 As 的含量范围、均值和变异系数。全国 14 个典型潮间带区域中，枯季 As 含量相对较高，除烟台四十里湾、上海长江口崇明东滩、浙江慈溪杭州湾南岸、福建福州闽江口、厦门九龙江口、广西英罗湾和海南东寨港 As 含量均低于第一类海洋沉积物质量标准外，其他区域均存在高于第一类海洋沉积物质量标准的站位，天津汉沽和江苏苏北盐城浅滩还存在超二类站位。洪季，除天津汉沽和广东珠江口个别站位的 As 含量超第一类海洋沉积物质量标准外，其他区域均低于第一类海洋沉积物质量标准。枯季沉积物中天津汉沽和山东黄河口 As 含量大于 PEL，一般会产生负面生物效应；广西英罗湾、海南东寨港沉积物中 As 含量小于 TEL，几乎不会产生负面生物效应；其他研究区域 As 含量在 TEL 和 PEL 之间，可能会产生负面生物效应。洪季沉积物中河北北戴河、烟台四十里湾、广西英罗湾、海南东寨港 As 含量小于 TEL，几乎不会产生负面生物效应；其他研究区域 As 含量均在 TEL 和 PEL 之间，可能会产生负面生物效应。枯季广东珠江口、广西英罗湾和洪季河北北戴河 As 的变异系数远大于 60%，As 含量变化差异较大，其原因与 Hg 的相似。

表 6.7　14 个典型潮间带表层沉积物 As 的含量范围、均值、变异系数和背景值

研究区域	枯季			洪季			背景值（mg/kg）
	范围（mg/kg）	均值（mg/kg）	变异系数（%）	范围（mg/kg）	均值（mg/kg）	变异系数（%）	
辽宁大辽河口	8.50～46.75	27.68	41.33	5.08～16.91	8.77	27.48	9（Yang et al.，2008）
河北北戴河	14.07～32.35	22.43	26.30	0～0.72	0.032	409.4	7.31（刘宏伟等，2015）
天津汉沽	16.35～90.68	62.21	31.02	13.14～24.12	18.29	16.51	15（Liu et al.，2013）
山东黄河口	27.33～58.02	42.83	17.28	6.94～11.38	8.87	9.47	9.3（CEPA，1990）
烟台四十里湾	7.01～18.15	10.85	28.20	1.44～6.17	2.57	37.35	9.3（CEPA，1990）
青岛大沽河口	18.02～50.15	34.26	28.81	3.81～11.43	8.62	24.13	9.3（CEPA，1990）
江苏苏北盐城浅滩	9.13～79.53	37.44	41.05	5.08～15.35	9.49	24.34	15（Liu et al.，2013）
上海长江口崇明东滩	4.18～19.47	11.36	42.69	4.18～19.61	9.13	39.76	7.57（陶征楷等，2014）
浙江慈溪杭州湾南岸	6.98～17.52	13.89	22.68	5.11～15.61	12.47	19.81	9.99（柴小平等，2015）
福建福州闽江口	3.10～18.64	9.63	59.71	3.34～14.93	9.35	40.53	5.78（刘用清等，1995）
厦门九龙江口	9.64～18.08	13.63	18.05	9.75～13.17	11.16	6.99	5.78（刘用清等，1995）
广东珠江口	0.64～29.81	8.96	115.1	0.562～30.88	15.04	59.44	22.9（甘华阳等，2010）
广西英罗湾	0.66～7.59	2.61	90.42	0.207～9.876	3.806	66.68	7.7（林钟扬等，2011）
海南东寨港	2.83～4.80	3.74	17.65	0.593～5.045	2.854	30.03	7.7（林钟扬等，2011）

注：由于沉积物中 As 元素的含量受控于粒度，文献中的背景值仅供参考

表 6.8 列举了现有的研究中，全国各研究区域表层沉积物中 Hg 和 As 的含量范围和均值。通过比较可以得出，本研究中全国范围内 Hg 和 As 的含量与已有的研究中相对应区域的含量基本相差不大。枯季江苏苏北盐城浅滩以北到辽宁大辽河口 As 含量相对洪季含量较高，这可能是由于从盐城以北到大辽河口，枯季降水量相对洪季较小，水体中的重金属元素富集到沉积物中，因此沉积物中的重金属元素含量增大，也可能是受人为活动的影响。

表 6.8　全国各研究区域表层沉积物中 Hg 和 As 的含量　　　（单位：mg/kg）

研究区域	时间	Hg		As	
		范围	均值	范围	均值
辽宁大辽河口（Bi et al.，2017）	2005～2008 年	0.01～0.80	0.07	2.76～24.50	8.13
河北北戴河（刘宏伟等，2015）	2011 年 7 月	0.016～0.06	0.04	2.42～13.52	6.70
山东黄河口（Bi et al.，2017）	2005～2008 年	0.008～0.25	0.046	6.70～21.70	11.42
青岛大沽河口（Lin et al.，2016）	2015 年 4 月	0.12～0.58		10.0～20.8	

续表

研究区域	时间	Hg		As	
		范围	均值	范围	均值
江苏苏北盐城浅滩（欧阳凯等，2016）	2014 年 4 ～ 6 月	0.03 ～ 0.20	0.10	5.61 ～ 28.51	15.49
上海长江口崇明东滩（Bi et al.，2017）	2005 ～ 2008 年	0.004 ～ 0.19	0.053	3.50 ～ 19.30	9.23
浙江慈溪杭州湾南岸（Li et al.，2018）	2014 年 7 月	0.023 ～ 0.060	0.039		
浙江慈溪杭州湾南岸（柴小平等，2015）			0.039		9.99
福建福州闽江口（Bi et al.，2017）	2005 ～ 2008 年	0.00 ～ 0.222	0.054	2.39 ～ 14.48	8.83
厦门九龙江口（王伟力等，2009）	2005 年 12 月	0.003 ～ 0.078	0.04	1.20 ～ 13.30	6.83
广东珠江口（Bi et al.，2017）	2005 ～ 2008 年	0.007 ～ 0.262	0.137	1.93 ～ 39.49	21.90
广西英罗湾（夏鹏等，2008）	2006 年 4 ～ 5 月		0.086		5.81
海南东寨港（邢孔敏等，2018）	2016 年 8 月	0.019 ～ 0.049	0.030	2.70 ～ 13.58	5.72

6.3.2　枯季、洪季空间分布特征

（1）枯季空间分布特征

全国典型潮间带枯季表层沉积物中 Hg 的含量南方大于北方（图 6.20）；As 的含量北方大于南方，其中天津汉沽 As 含量最高，广西英罗湾 As 含量最低（图 6.21）。沉积物中 Hg 和 As 含量的南北方差异与研究区域工业类型和经济发展情况有很大关系。

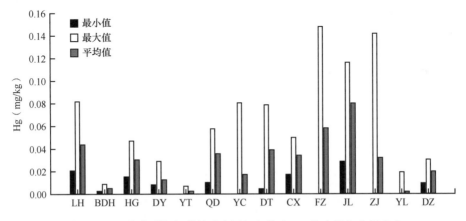

图 6.20　14 个典型潮间带枯季表层沉积物中 Hg 的含量和空间分布

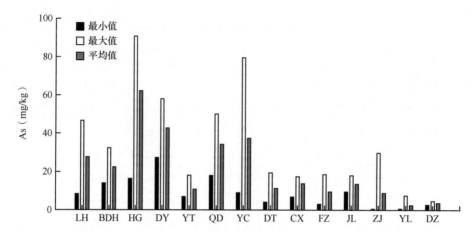

图 6.21　14 个典型潮间带枯季表层沉积物中 As 的含量和空间分布

　　辽宁大辽河口、江苏苏北盐城浅滩、浙江慈溪杭州湾南岸表层沉积物中的 Hg 含量从高潮滩到低潮滩有先减小再增大的趋势；青岛大沽河口、广东珠江口、广西英罗湾从高潮滩到低潮滩 Hg 含量有增大的趋势；天津汉沽、海南东寨港从高潮滩到低潮滩 Hg 含量变化不大；河北北戴河、上海长江口崇明东滩、福建福州闽江口、厦门九龙江口 Hg 含量从高潮滩到低潮滩有先增大后减小的趋势（图 6.22）。

　　辽宁大辽河口、天津汉沽、厦门九龙江口表层沉积物中 As 含量从高潮滩到低潮滩有先减小再增大的趋势；河北北戴河、山东黄河口、广东珠江口沉积物 As 含量从高潮滩到低潮滩有增大的趋势；烟台四十里湾、青岛大沽河口、浙江慈溪杭州湾南岸、福建福州闽江口、广西英罗湾、海南东寨港从高潮滩到低潮滩 As 含量变化不明显；江苏苏北盐城浅滩、上海长江口崇明东滩沉积物中 As 含量从高潮滩到低潮滩有减小的趋势。

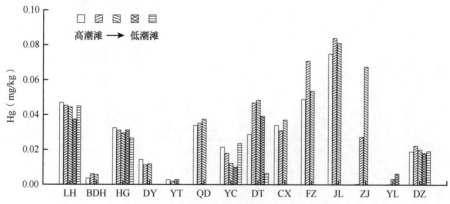

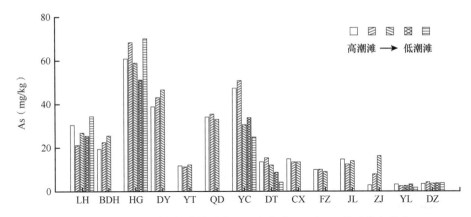

图 6.22　14 个典型潮间带枯季表层沉积物中 Hg 和 As 的垂岸向分布

（2）洪季空间分布特征

整体来看，全国潮间带区域表层沉积物 Hg 含量北方小于南方，其中上海长江口崇明东滩、浙江慈溪杭州湾南岸、福建福州闽江口、厦门九龙江口和广东珠江口 Hg 含量较高，这可能是受研究区域周围工业废水和生活污水的排放及人为活动的影响，因此 Hg 含量相对较高（图 6.23）。

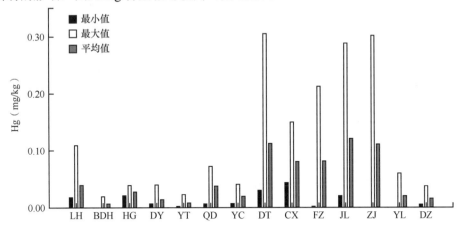

图 6.23　14 个典型潮间带洪季表层沉积物中 Hg 的含量和空间分布

全国 14 个典型潮间带区域中，除河北北戴河、烟台四十里湾、广西英罗湾、海南东寨港 As 含量低于 5 mg/kg 外，其他区域 As 含量相差不大，为 8 ～ 20 mg/kg，南北方 As 含量没有显著性差异（图 6.24）。而河北北戴河、烟台四十里湾、广西英罗湾、海南东寨港 As 含量相对较低主要是由于这 4 个研究区域的沉积物样品为砂质样品，砂质样品相对于泥质样品对重金属的富集能力较弱。

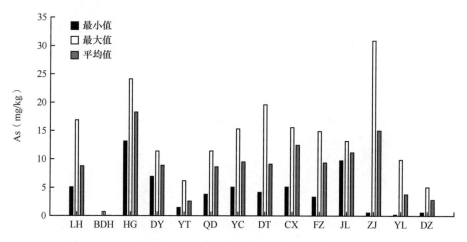

图 6.24　14 个典型潮间带洪季表层沉积物中 As 的含量和空间分布

　　辽宁大辽河口、福建福州闽江口表层沉积物中 Hg 含量从高潮滩到低潮滩有先减小再增大的趋势（图 6.25）；河北北戴河、天津汉沽、山东黄河口、烟台四十里湾、江苏苏北盐城浅滩、浙江慈溪杭州湾南岸、广西英罗湾、海南东寨港沉积物中 Hg 含量在高潮滩、中潮滩、低潮滩无显著性差异，没有表现出自然沉积地貌分异明显，以及高潮滩、中潮滩、低潮滩发育完整的自然滩地所表现出的沉积物中重金属元素、营养元素质量分数呈带状分布的规律，可能是由于这些潮间带自然沉积地貌分异不明显，也可能是强烈的人为活动改变了潮间带周边的水动力条件和高潮滩、中潮滩、低潮滩泥沙的自然淤积规律，进而影响了重金属元素的分布特征。青岛大沽河口、广东珠江口表层沉积物中 Hg 含量从高潮滩到低潮滩有逐渐增大的趋势。厦门九龙江口表层沉积物中 Hg 含量有先增大再减小的趋势。

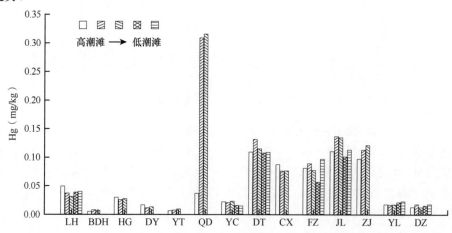

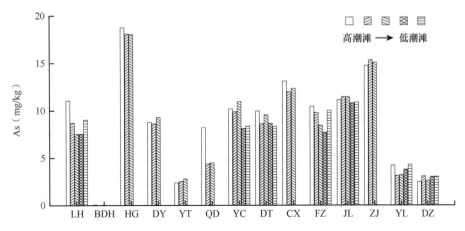

图 6.25　14 个典型潮间带洪季表层沉积物中 Hg 和 As 的垂岸向分布

　　辽宁大辽河口、山东黄河口、浙江慈溪杭州湾南岸、福建福州闽江口、广西英罗湾洪季表层沉积物中的 As 含量从高潮滩到低潮滩有先减小再增大的趋势，即中潮滩 As 含量最低；天津汉沽、青岛大沽河口、江苏苏北盐城浅滩、上海长江口崇明东滩表层沉积物中的 As 含量从高潮滩到低潮滩有减小的趋势；烟台四十里湾、广东珠江口、海南东寨港表层沉积物中的 As 含量从高潮滩到低潮滩变化不大；由于河北北戴河洪季沉积物为砂质样品，As 含量较低，高潮滩、中潮滩、低潮滩无明显的差异。

（3）枯季、洪季空间分布差异

　　典型潮间带表层沉积物中 Hg 含量从江苏苏北盐城浅滩以北到辽宁大辽河口，枯季和洪季相差不大；上海长江口崇明东滩以南（除了海南东寨港），Hg 含量洪季大于枯季（图 6.26）。

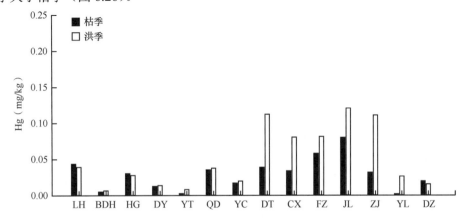

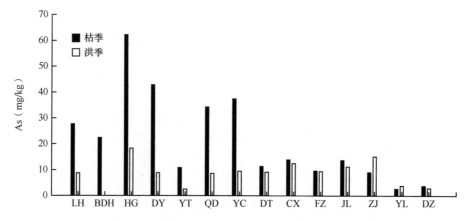

图 6.26 14 个典型潮间带枯季和洪季表层沉积物中 Hg 和 As 的含量

典型潮间带表层沉积物中 As 含量从江苏苏北盐城浅滩以北到辽宁大辽河口枯季大于洪季；上海长江口崇明东滩以南到海南东寨港，As 含量枯季和洪季相差不大（图 6.26）。

6.4 小结

本章通过对我国典型潮间带表层沉积物中重金属（Cu、Pb、Zn、Cd、Cr、Hg、As）含量、空间分布和洪、枯两季差异等进行综合分析，得到如下结论。

1）Cu、Pb、Zn、Cd、Cr 含量范围分别为 0.25～133.23 mg/kg、1.02～176.40 mg/kg、1.92～208.12 mg/kg、0.00～0.60 mg/kg、0.82～146.70 mg/kg，平均含量分别为 19.6 mg/kg、29.18 mg/kg、68.92 mg/kg、0.16 mg/kg、54.8 mg/kg。5 种重金属元素含量表现出了明显的空间分异特征，变异系数依次为南海＞黄海＞渤海＞东海，其中南海海域潮间带各重金属变异系数最大，重金属元素含量变化范围最大，说明重金属元素空间分布不均。

2）Cu、Pb、Zn、Cd、Cr 具有如下空间分布特征。① Cu、Zn、Cd、Cr 含量具有相似的空间变化趋势，即高值区位于东海，次高值在渤海，低值区在黄海和南海；而 Pb 含量高值区位于东海，次高值在南海，低值区在渤海和黄海。总体而言，东海各重金属元素含量均最高，渤海含量次之（Pb 除外）。②典型海湾分布特征：天津渤海湾、青岛胶州湾、浙江慈溪杭州湾重金属元素含量较高，位于南海的广西英罗湾和海南东寨港湾重金属元素含量较低；其中浙江慈溪杭州湾重金属元素含量最高，广西英罗湾重金属元素含量最低，重金属（Cu）含量最大相差约 20 倍。③典型河口分布特征：Cu、Pb、Zn 和 Cd 含量在厦门九龙江口最高，在山东黄河口最低；Cr 含量在辽宁大辽河口、山东黄河口、上海长江口崇明东滩、福建福州闽江口和厦门九龙江口变化不大，在广东珠江口最低；Cu、Pb、Zn 和 Cd 这 4 种元素在空间分布上表现出相似性。④重金属元素含量在不同沉积物类型中具有较大差异，砂中重金属元素含量最低，黏土中含量最高。除 Pb 和 Cd 外，其余元素在四类沉积物中含量总体表现为：黏土＞粉砂质黏土＞粉砂质砂＞砂。

3）我国 14 个典型潮间带枯季表层沉积物 Hg 的含量范围为 0～0.15 mg/kg，均值为 0.03 mg/kg，小于第一类海洋沉积物质量标准和 TEL；洪季 Hg 的含量范围为 0～0.32 mg/kg，均值为 0.05 mg/kg，小于第一类海洋沉积物质量标准和 TEL，枯季和洪季 Hg 含量相差不大。枯季表层沉积物 As 含量范围为 0.64～90.68 mg/kg，均值为 22.28 mg/kg，大于第一类海洋沉积物质量标准；洪季 As 含量范围为 0～30.88 mg/kg，均值为 8.50 mg/kg，小于第一类海洋沉积物质量标准。枯季和洪季 As 含量均在 TEL 和 PEL 之间，沉积物中的 As 可能会对研究区域周围环境产生负面生物效应。

4）Hg 和 As 枯季、洪季空间分布特征：①典型潮间带表层沉积物中 Hg 含量从江苏苏北盐城浅滩以北到辽宁大辽河口，枯季和洪季相差不大；上海长江口崇明东滩以南（除了海南东寨港），Hg 的含量洪季大于枯季。②典型潮间带表层沉积物中 As 含量从江苏苏北盐城浅滩以北到辽宁大辽河口，枯季大于洪季；上海长江口崇明东滩以南到海南东寨港，As 含量枯季和洪季相差不大。

第 7 章

潮间带表层沉积物有机污染物特征

持久性有机污染物（persistent organic pollutants，POPs）具有毒性、难降解性、生物蓄积性和半挥发性，因此，尽管这些化学品的使用被禁止或受到严格的限制，但它们仍持久存在于环境中并通过食物链放大，威胁生态环境和人体健康（Meng et al.，2017；Yan et al.，2018）。潮间带沉积物作为底栖生物栖息地、鸟类迁徙中转站及陆海物质交换、污染物接纳与自净的重要场所，其质量状况关系海岸带环境安全、生态安全和食品安全。已有研究表明，污染物在潮间带沉积物中的含量远远高于其相应的环境背景值，而目前关于潮间带沉积物中 POPs 的研究较为匮乏，空间覆盖范围较小，无法为我国社会发展和环境保护提供可靠的数据支撑。

7.1 多环芳烃（PAHs）

7.1.1 PAHs 分布特征

15 种多环芳烃（● $_{15}$PAHs）浓度为 2.3 ~ 480 ng/g（图 7.1），空间差异显著（$P < 0.05$），厦门九龙江口、天津汉沽浓度最高；其次是辽宁大辽河口、上海长江口崇明东滩、青岛大沽河口、浙江慈溪杭州湾南岸、福建福州闽江口、广东珠江口；河北北戴河、山东黄河口、烟台四十里湾、江苏苏北盐城浅滩、广西英罗湾、海南东寨港浓度最低。15 种多环芳烃的季节性差异不显著（$P > 0.05$）。

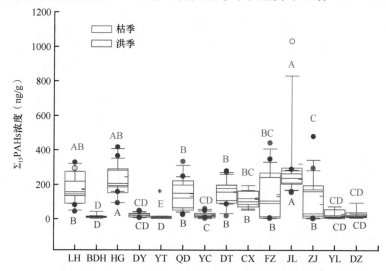

图 7.1　● $_{15}$PAHs 在 14 个典型潮间带表层沉积物中的分布

不同的字母代表存在显著性差异（$P < 0.05$）

7.1.2　PAHs 组成

3 环、4 环、5 环、6 环 PAHs 的平均组成为（31.7±18.3）%、（36.1±10.3）%、（20.1±7.0）% 和（12.1±3.9）%，以 3 环和 4 环为主。PAHs 组成具有显著空间差异：河北北戴河、烟台四十里湾、广西英罗湾和江苏苏北盐城浅滩以 3 环为主；辽宁大辽河口、天津汉沽、青岛大沽河口、上海长江口崇明东滩、浙江慈溪杭州湾南岸和厦门九龙江口以高环为主；枯季高环含量较高（图 7.2）。

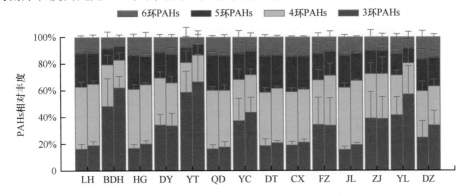

图 7.2　14 个典型潮间带沉积物中 PAHs 的组成特征

每个潮间带左右两边分别代表枯季和洪季

7.1.3　PAHs 来源

多环芳烃（表 7.1）是一种多来源有机污染物，化石燃料（煤和石油）的燃烧（即热解来源）及石油产品未经燃烧而直接排放或泄漏（即石油来源）是 PAHs 在环境中的两种主要人为源（Li et al.，2019）。燃烧来源的 PAHs 中，低分子量的 PAHs 是在低温到中温燃烧过程中产生的，而高分子量的 PAHs 是在高温燃烧过程中产生的。同时石油来源也会包括相对较高含量的 2 环或 3 环 PAHs。利用低分子量 PAHs（菲、蒽、荧蒽和芘）与高分子量 PAHs（苯并 [a] 蒽、䓛、苯并 [b] 荧蒽、苯并 [k] 荧蒽、苯并 [a] 芘、茚并 [1,2,3-c,d] 芘、二苯并 [a,h] 蒽、苯并 [g,h,i] 苝）的比值可以识别样品中 PAHs 的来源信息（Gao et al.，2019）。

表 7.1　多环芳烃（PAHs）化合物中英文对照表及其简称

化合物英文名称	化合物中文名称	化合物简称
Acenaphthylene	苊烯	Acy
Acenaphthene	苊	Ace
Fluorene	芴	Flu

续表

化合物英文名称	化合物中文名称	化合物简称
Phenanthrene	菲	Phe
Anthracene	蒽	Ant
Fluoranthene	荧蒽	Fla
Pyrene	芘	Pyr
Benz[a]anthracene	苯并 [a] 蒽	BaA
Chrysene	䓛	Chr
Benzo[b]fluoranthene	苯并 [b] 荧蒽	BbF
Benzo[k]fluoranthene	苯并 [k] 荧蒽	BkF
Benzo[a]pyrene	苯并 [a] 芘	BaP
Indeno[1,2,3-c,d]pyrene	茚并 [1,2,3-c,d] 芘	Ind
Dibenz[a,h]anthracene	二苯并 [a,h] 蒽	DahA
Benzo[g,h,i]perylene	苯并 [g,h,i] 苝	BghiP

对于辽宁大辽河口、天津汉沽、青岛大沽河口、上海长江口崇明东滩、浙江慈溪杭州湾南岸、福建福州闽江口和厦门九龙江口，几乎所有站点 PAHs 来源于燃烧，特别是煤和生物质的燃烧（图 7.3）。对于河北北戴河、山东黄河口、烟台四十里湾、江苏苏北盐城浅滩、广东珠江口、广西英罗湾和海南东寨港，PAHs 来源于未燃烧直接排放及燃烧排放的混合源，但以燃烧源为主。

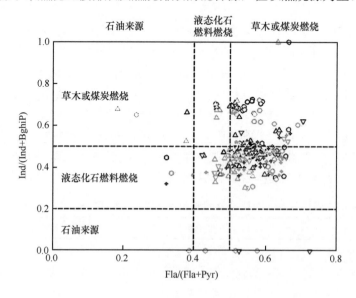

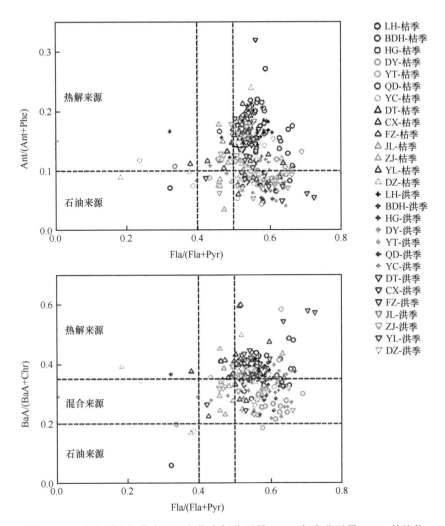

图 7.3　14 个典型潮间带表层沉积物中低分子量 PAHs 与高分子量 PAHs 的比值

7.1.4　PAHs 影响因素分析

从全国尺度上看，表层沉积物中 PAHs 与沉积物黏土和粉砂含量呈极显著正相关关系，与砂含量和粒度中值（D_{50}）呈极显著负相关关系，说明不同区域 PAHs 浓度在很大程度上受沉积物粒径的影响（表 7.2）。

表 7.2　沉积物粒径参数与 PAHs 浓度及比值和比例的相关关系

指标		Acy	Ace	Flu	Phe	Ant	Fla	Pyr	BaA	Chr	BbF	BkF	BaP
黏土	R^2	0.46**	0.46**	0.56**	0.61**	0.66**	0.66**	0.62**	0.67**	0.70**	0.72**	0.66**	0.66**
	P	0.000	0.000	0.000	0.000	0.000	0.000	0.000	0.000	0.000	0.000	0.000	0.000
粉砂	R^2	0.29**	0.38**	0.39**	0.44**	0.47**	0.46**	0.44**	0.49**	0.50**	0.51**	0.49**	0.49**
	P	0.000	0.000	0.000	0.000	0.000	0.000	0.000	0.000	0.000	0.000	0.000	0.000
砂	R^2	−0.37**	−0.44**	−0.48**	−0.53**	−0.57**	−0.57**	−0.53**	−0.59**	−0.61**	−0.62**	−0.59**	−0.59**
	P	0.000	0.000	0.000	0.000	0.000	0.000	0.000	0.000	0.000	0.000	0.000	0.000
D_{50}	R^2	−0.34**	−0.35**	−0.38**	−0.44**	−0.48**	−0.49**	−0.46**	−0.49**	−0.50**	−0.51**	−0.49**	−0.49**
	P	0.000	0.000	0.000	0.000	0.000	0.000	0.000	0.000	0.000	0.000	0.000	0.000

指标		DahA	Ind	BghiP	●15 PAHs	Ind/(Ind+BghiP)	Fla/(Fla+Pyr)	BaA/(BaA+Chr)	Ant/(Ant+Phe)	3环PAHs比例	4环PAHs比例	5环PAHs比例	6环PAHs比例
黏土	R^2	0.60**	0.67**	0.62**	0.69**	0.05	−0.12	0.29**	0.62**	−0.64**	0.59**	0.54**	0.45**
	P	0.000	0.000	0.000	0.000	0.439	0.065	0.000	0.000	0.000	0.000	0.000	0.000
粉砂	R^2	0.43**	0.48**	0.44**	0.49**	0.06	−0.15*	0.08	0.46**	−0.62**	0.51**	0.58**	0.46**
	P	0.000	0.000	0.000	0.000	0.398	0.025	0.247	0.000	0.000	0.000	0.000	0.000
砂	R^2	−0.52**	−0.58**	−0.53**	−0.60**	−0.06	0.15*	−0.15*	−0.55**	0.68**	−0.58**	−0.62**	−0.49**
	P	0.000	0.000	0.000	0.000	0.370	0.021	0.021	0.000	0.000	0.000	0.000	0.000
D_{50}	R^2	−0.43**	−0.48**	−0.44**	−0.50**	−0.01	0.21**	−0.10	−0.50**	0.69**	−0.59**	−0.62**	−0.49**
	P	0.000	0.000	0.000	0.000	0.920	0.002	0.138	0.000	0.000	0.000	0.000	0.000

注："**" 表示具有极显著性差异，即 $P < 0.01$；"*" 表示具有显著性差异，即 $P < 0.05$

7.2　有机氯农药（OCPs）

7.2.1　OCPs 洪季、枯季分布特征

（1）洪季空间分布特征

有机氯农药（OCPs）在 14 个典型潮间带洪季表层沉积物中的分布如图 7.4 所示。经统计学分析，厦门九龙江口洪季表层沉积物中的 OCPs 浓度极显著高于除天津汉沽外的其他 12 个潮间带的 OCPs 浓度；天津汉沽的 OCPs 浓度显著高于浙江慈溪杭州湾南岸、福建福州闽江口、广西英罗湾和海南东寨港 4 个潮间带的 OCPs 浓度，且极显著高于河北北戴河、山东黄河口、烟台四十里湾、江苏苏北盐城浅滩和上海长江口崇明东滩 5 个潮间带的 OCPs 浓度；青岛大沽河口的 OCPs 浓度显著高于山东黄河口和江苏苏北盐城浅滩 2 个潮间带的 OCPs 浓度；

广东珠江口的 OCPs 浓度显著高于山东黄河口的 OCPs 浓度；其他潮间带洪季沉积物中的 OCPs 浓度无显著性差异。

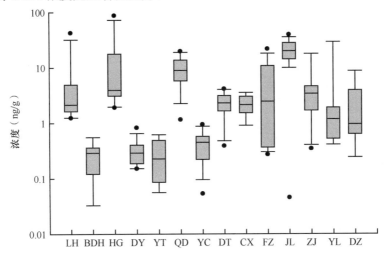

图 7.4　OCPs 在 14 个典型潮间带洪季表层沉积物中的分布

　　DDTs、HCHs、硫丹（Endo）、氯丹（Chl）、七氯（Hep）、艾氏剂（Ald）和异狄氏剂（End）七类 OCPs 在 14 个典型潮间带洪季表层沉积物中的分布见图 7.5。该七类 OCPs 检出率分别为 100%、99.4%、91.1%、64.3%、12.5%、14.9%、16.1%。有机氯农药类（OCPs）化合物中英文对照见表 7.3。

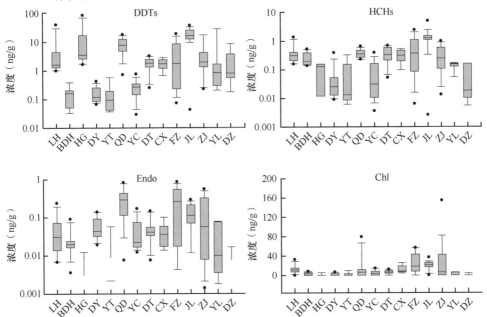

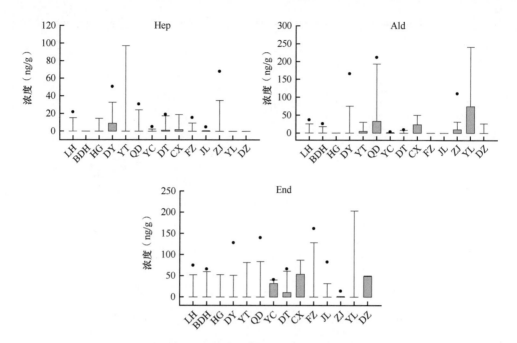

图 7.5　DDTs、HCHs、硫丹、氯丹、七氯、艾氏剂、异狄氏剂在 14 个典型潮间带
洪季表层沉积物中的分布

表 7.3　有机氯农药（OCPs）化合物中英文对照及其简称

化合物英文全称	化合物中文简称	化合物英文简称
α-1,2,3,4,5,6-Hexachlorocyclohexane	α-六六六	α-HCH
β-1,2,3,4,5,6-Hexachlorocyclohexane	β-六六六	β-HCH
γ-1,2,3,4,5,6-Hexachlorocyclohexane	γ-六六六	γ-HCH
δ-1,2,3,4,5,6-Hexachlorocyclohexane	δ-六六六	δ-HCH
1-Chloro-2-[2,2-dichloro-1-(4-chlorophenyl)ethenyl]benzene	o,p'-滴滴伊	o,p'-DDE
1,1-Dichloro-2,2-bis(4-chlorophenyl)ethene	p,p'-滴滴伊	p,p'-DDE
1-(2-Chlorophenyl)-1-(4-chlorophenyl)-2,2-dichloroethane	o,p'-滴滴滴	o,p'-DDD
1,1-Dichloro-2,2-bis(4-chlorophenyl)ethane	p,p'-滴滴滴	p,p'-DDD
1-Chloro-2-[2,2,2-trichloro-1-(4-chlorophenyl)ethyl]benzene	o,p'-滴滴涕	o,p'-DDT
1,1,1-Trichloro-2,2-bis(4-chlorophenyl)ethane	p,p'-滴滴涕	p,p'-DDT
Heptachlor	七氯	Hep
Heptachlor exo-epoxide	环氧七氯	HepE
γ-Chlordane	γ-氯丹	γ-Chl
α-Chlordane	α-氯丹	α-Chl

续表

化合物英文全称	化合物中文简称	化合物英文简称
Aldrin	艾氏剂	Ald
Dieldrin	狄氏剂	Die
Endrin	异狄氏剂	End
Endrin Aldehyde	异狄氏剂醛	EndA
Endrin Ketone	异狄氏剂酮	EndK
α-Endosulfan	硫丹 I	α-Endo
β-Endosulfan	硫丹 II	β-Endo
Endosulfan sulfate	硫丹硫酸盐	Ens
Methoxychlor	甲氧滴滴涕	Met

（2）枯季空间分布特征

OCPs 在 14 个典型潮间带枯季表层沉积物中的分布见图 7.6。经统计学分析，厦门九龙江口枯季表层沉积物中 OCPs 浓度显著高于烟台四十里湾、浙江慈溪杭州湾南岸和海南东寨港 3 个潮间带，极显著高于辽宁大辽河口、河北北戴河、天津汉沽、山东黄河口、青岛大沽河口、江苏苏北盐城浅滩、上海长江口崇明东滩、福建福州闽江口、广东珠江口和广西英罗湾 10 个潮间带。其他潮间带枯季沉积物的 OCPs 浓度无显著性差异。

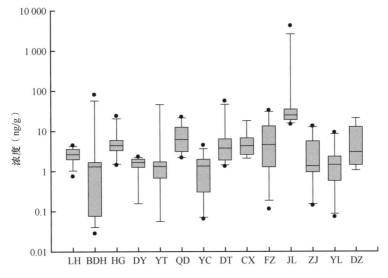

图 7.6　OCPs 在 14 个典型潮间带枯季表层沉积物中的分布

DDTs、HCHs、硫丹、氯丹、七氯、艾氏剂和异狄氏剂七类 OCPs 在 14
个典型潮间带枯季表层沉积物中的分布见图 7.7。该七类 OCPs 检出率分别为
99.4%、99.4%、85.7%、32.3%、63.4%、24.2%、53.4%。

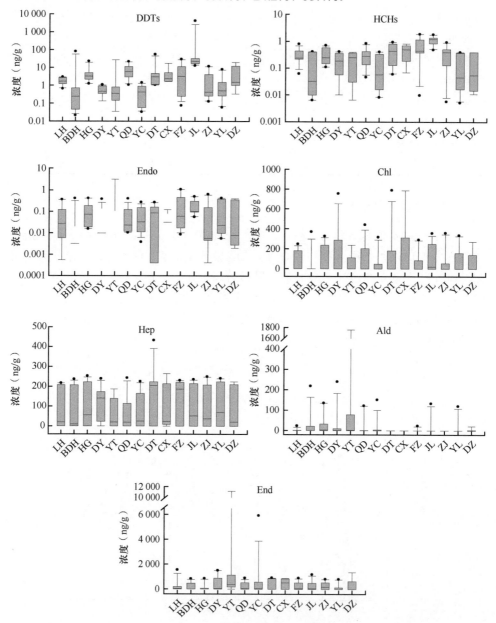

图 7.7　DDTs、HCHs、硫丹、氯丹、七氯、艾氏剂、异狄氏剂在 14 个典型潮间带
枯季表层沉积物中的分布

（3）洪季、枯季空间分布差异

14 个典型潮间带表层沉积物的洪季与枯季 OCPs 浓度对比见图 7.8。经统计学分析，仅厦门九龙江口洪季 OCPs 浓度与枯季具有显著性差异，而其他 13 个潮间带的 OCPs 浓度无显著性差异。

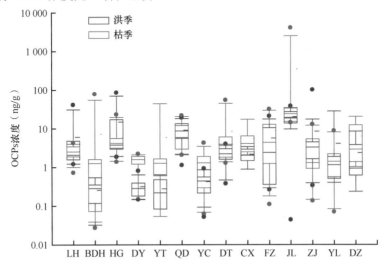

图 7.8　14 个典型潮间带表层沉积物的洪季与枯季 OCPs 浓度对比图

7.2.2　OCPs 洪季、枯季源趋分析

（1）DDTs 类有机氯农药的源趋分析

14 个典型潮间带洪季与枯季表层沉积物 DDT 两种代谢产物比值（DDD/DDE）的分布见图 7.9。由 DDD/DDE 可以判断 DDT 的降解环境，从图 7.9 可以看出，14 个典型潮间带在枯季多为好氧环境，DDT 脱氯生成 DDE；河北北戴河、烟台四十里湾、江苏苏北盐城浅滩、上海长江口崇明东滩、浙江慈溪杭州湾南岸和广西英罗湾在洪季多为厌氧环境，DDT 脱氯生成 DDD；辽宁大辽河口、天津汉沽、青岛大沽河口、厦门九龙江口、广东珠江口及海南东寨港无论枯季、洪季，多为好氧环境。

14 个典型潮间带洪季与枯季表层沉积物 DDT 两种代谢产物之和与 DDT 母体比值［(DDD+DDE)/DDT］的分布见图 7.10。(DDD+DDE)/DDT 可以示踪 DDT 的降解程度，并判断是否有新的 DDT 类农药的输入（Liu et al.，2015）。从图 7.10 可以看出，山东黄河口枯季、烟台四十里湾枯季、广西英罗湾洪季和枯季沉积物 (DDD+DDE)/DDT 多小于 1，说明所在地区 DDT 降解慢或者是存在新的 DDT 类

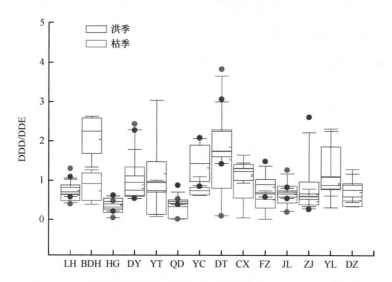

图 7.9　14 个典型潮间带洪季与枯季表层沉积物 DDD/DDE 分布图

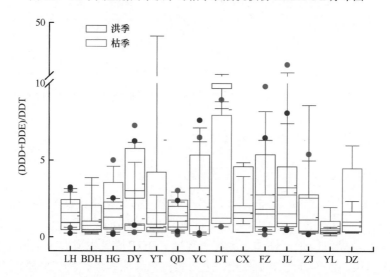

图 7.10　14 个典型潮间带洪季与枯季表层沉积物 (DDD+DDE)/DDT 分布图

有机氯农药的输入和使用；除了上述地区，其他潮间带 (DDD+DDE)/DDT 多大于 1，表明没有新的 DDT 类农药的输入和使用。

（2）HCHs 类有机氯农药的源趋分析

14 个典型潮间带洪季与枯季表层沉积物 HCHs 两种同分异构体浓度比值（α-HCH/γ-HCH）的分布见图 7.11。α-HCH/γ-HCH 可以作为判断 HCHs 来源的依据，若 α-HCH/γ-HCH 的值为 4 ～ 7，研究区的 HCHs 主要来源于历史使用的工业 HCHs 残留，若比值小于 3，则 HCHs 可能源于林丹的使用（Wang et al.，2018）。从图 7.11 可以看出，枯季除了厦门九龙江口，造成研究区 HCHs 残留的主要原因为林丹的使用；洪季除了山东黄河口、烟台四十里湾、江苏苏北盐城浅滩和海南东寨港，其他潮间带的 HCHs 主要来源于历史使用的工业 HCHs。

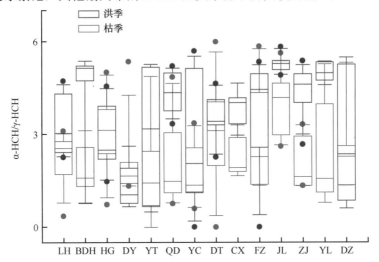

图 7.11　14 个典型潮间带洪季与枯季表层沉积物 α-HCH/γ-HCH 分布图

7.3　多溴联苯醚（PBDEs）

7.3.1　PBDEs 洪季、枯季分布特征

（1）PBDEs 洪季分布特征

PBDEs 在 14 个典型潮间带洪季表层沉积物中的分布见图 7.12。经统计学分析，山东黄河口潮间带雨季表层沉积物中 PBDEs 浓度显著高于其他 13 个潮间带（$P < 0.05$），其他潮间带洪季沉积物的 PBDEs 浓度无显著性差异（$P > 0.05$）。

三溴联苯醚至十溴联苯醚（BDE-209）共八类 PBDEs 在 14 个典型潮间带洪季表层沉积物中的分布见图 7.13。该八类 PBDEs 的检出率分别为 91.3%、98.8%、94.2%、100%、79.7%、100%、100%、100%。多溴联苯醚（PBDEs）的中英文对照及其简称详见表 7.4。

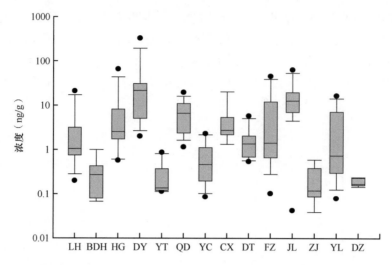

图 7.12　PBDEs 在 14 个典型潮间带洪季表层沉积物中的分布

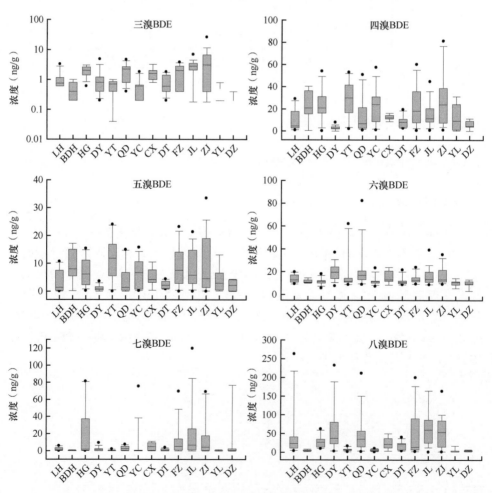

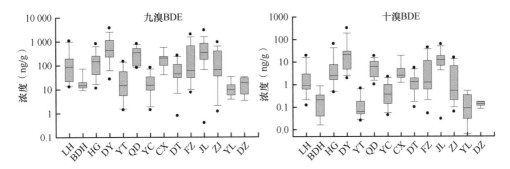

图 7.13　八类 PBDEs 在 14 个典型潮间带洪季表层沉积物中的分布

表 7.4　多溴联苯醚（PBDEs）中英文对照及其简称

化合物英文全称	化合物中文简称	化合物英文简称
2,2′,4-Tribromodiphenyl ether	溴联苯醚-17	BDE-17
2,4,4′-Tribromodiphenyl ether	溴联苯醚-28	BDE-28
2,2′,4,4′-Tetrabromodiphenyl ether	溴联苯醚-47	BDE-47
2,3′,4,4′-Tetrabromodiphenyl ether	溴联苯醚 66	BDE-66
2,3′,4′,6-Tetrabromodiphenyl ether	溴联苯醚-71	BDE-71
3,3′,4,4′-Tetrabromodiphenyl ether	溴联苯醚-77	BDE-77
2,2′,4,4′,5-Pentabromodiphenyl ether	溴联苯醚-99	BDE-99
2,2′,4,4′,6-Pentabromodiphenyl ether	溴联苯醚-100	BDE-100
2,3′,4,4′,5-Pentabromodiphenyl ether	溴联苯醚-118	BDE-118
2,2′,3,3′,4,4′-Hexabromodiphenyl ether	溴联苯醚-128	BDE-128
2,2′,3,4,4′,5′-Hexabromodiphenyl ether	溴联苯醚-138	BDE-138
2,2′,4,4′,5,5′-Hexabromodiphenyl ether	溴联苯醚-153	BDE-153
2,2′,4,4′,5,6′-Hexabromodiphenyl ether	溴联苯醚-154	BDE-154
2,2′,3,4,4′,5,6-Heptabromodiphenyl ether	溴联苯醚-181	BDE-181
2,2′,3,4,4′,5′,6-Heptabromodiphenyl ether	溴联苯醚-183	BDE-183
2,2′,3,3′,4,4′,5,6′-Octabromodiphenyl ether	溴联苯醚-196	BDE-196
2,2′,3,3′,4,4′,6,6′-Octabromodiphenyl ether	溴联苯醚-197	BDE-197
2,2′,3,4,4′,5′,6,6′-Octabromodiphenyl ether	溴联苯醚-201	BDE-201
2,2′,3,3′,5,5′,6,6′-Octabromodiphenyl ether	溴联苯醚-202	BDE-202
2,2-2023′,5,5′,6,6′-Octabromodiphenyl ether	溴联苯醚-203	BDE-203
2,3,3033′,5,5′,6,6′-Octabromodiphenyl ether	溴联苯醚-205	BDE-205
2,2-2053′,5,5′,6,6′-Octabromodiphenyl ether	溴联苯醚-206	BDE-206
2,2-2063′,5,5′,6,6′-Octabromodiphenyl ether	溴联苯醚-207	BDE-207
2,2′,3,3′,4,5,5′,6,6′-Nonabromodiphenyl ether	溴联苯醚-208	BDE-208
2,2′,3,3′,4,4′,5,5′,6,6′-Decabromodiphenyl ether	溴联苯醚-209	BDE-209

（2）PBDEs 枯季分布特征

PBDEs 在 14 个典型潮间带枯季表层沉积物中的分布见图 7.14。经统计学分析，山东黄河口和厦门九龙江口枯季表层沉积物的 PBDEs 浓度无显著性差异（$P >$ 0.05），但两者 PBDEs 浓度显著高于其他 12 个潮间带（$P < 0.05$）；青岛大沽河口 PBDEs 浓度显著高于辽宁大辽河口、河北北戴河、天津汉沽、烟台四十里湾、江苏苏北盐城浅滩、上海长江口崇明东滩、广东珠江口、广西英罗湾和海南东寨港 9 个潮间带（$P < 0.05$）；其他 11 个潮间带枯季沉积物的 PBDEs 浓度无显著性差异（$P > 0.05$）。

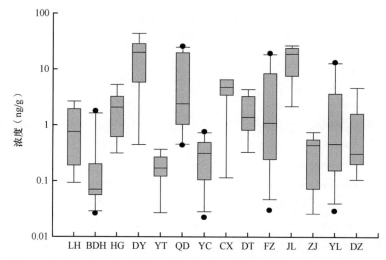

图 7.14　PBDEs 在 14 个典型潮间带枯季表层沉积物中的分布

三溴联苯醚至十溴联苯醚八类 PBDEs 在 14 个典型潮间带枯季表层沉积物中的分布见图 7.15。该八类 PBDEs 检出率分别为 79.2%、95.8%、85.8%、100%、79.2%、100%、99.2%、100%。

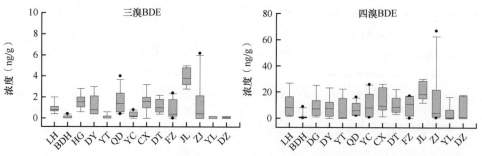

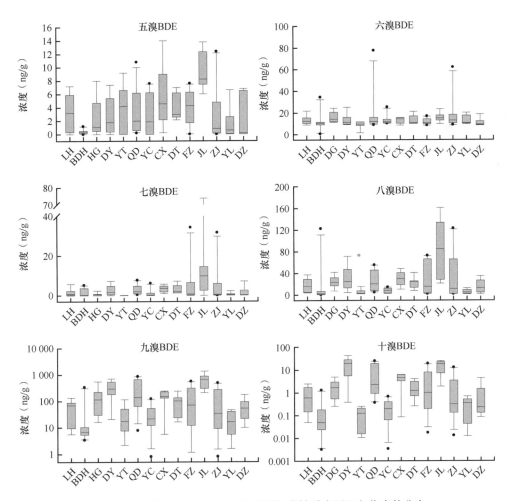

图 7.15　八类 PBDEs 在 14 个典型潮间带枯季表层沉积物中的分布

7.3.2　PBDEs 洪季、枯季空间分布差异

14 个典型潮间带表层沉积物的洪季与枯季 PBDEs 浓度对比见图 7.16。经统计学分析，仅山东黄河口潮间带表层沉积物的 PBDEs 浓度在洪季和枯季具有显著性差异（$P < 0.05$），而其他 13 个潮间带的 PBDEs 浓度在洪季和枯季均无显著性差异（$P > 0.05$）。

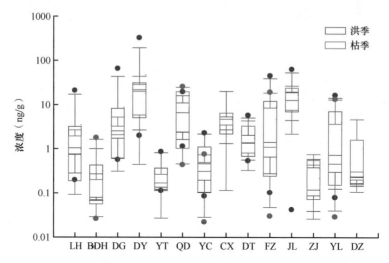

图 7.16　14 个典型潮间带表层沉积物的洪季与枯季 PBDEs 浓度对比图

7.4　小结

本章通过对我国 14 个典型潮间带表层沉积物中有机污染物（多环芳烃、有机氯农药、多溴联苯醚）含量、空间分布和洪、枯两季差异等进行综合分析，得到如下结论。

厦门九龙江口、辽宁大辽河口、广东珠江口、青岛大沽河口、天津汉沽、上海长江口崇明东滩、浙江慈溪杭州湾南岸、福建福州闽江口 PAHs 浓度较高，PAHs 的来源以燃烧源特别是草、木材或煤的燃烧为主；对于江苏苏北盐城浅滩、广东珠江口、山东黄河口、广西英罗湾和海南东寨港，PAHs 来自未燃烧和燃烧的混合源，以燃烧源为主。厦门九龙江口、天津汉沽、青岛大沽河口、广东珠江口 OCPs 浓度较高，DDTs 和 HCHs 为 OCPs 的主要来源，环境中检出多为历史使用 OCPs 的残留，但部分地区仍有新的 DDTs 类和林丹类农药的使用和输入；氯丹、七氯、艾氏剂及异狄氏剂因在我国的生产量或使用量较低，所以环境检出浓度处于较低水平。山东黄河口、厦门九龙江口和青岛大沽河口 PBDEs 浓度显著高于其他潮间带，高溴代联苯醚 BDE-209 为 PBDEs 的主要来源，低溴代BDEs 多由高溴代 BDEs 降解而来。除山东黄河口和江苏苏北盐城浅滩两处潮间带外，DDT 及其降解产物 DDD 必然会对其他 12 个潮间带的水生生物产生负效应。

第 8 章
潮间带表层沉积物物源分区

沉积物的来源与示踪研究是元素地球化学研究的重要内容之一（高志友，2005；李超，2008）。不同元素的地球化学行为在表生环境下存在显著性差异，但稀土元素的性质稳定，在母岩的风化剥蚀，物质的搬运、沉积，以及包括成岩在内的过程中难以发生迁移，几乎等量转移到沉积物中，能够代表碎屑源区物质的地球化学特征，可作为沉积物物质来源的良好示踪剂（Norman and De Deckker，1990；McManus et al.，1998）。

8.1 沉积物物源示踪方法

沉积物来源和示踪的研究方法有矿物学、古生物学、地球化学等。地球化学方法既能定性，又能定量，并且直观、经济，因而被广泛应用于沉积物物源方面的研究（高志友，2005；李超，2008）。沉积物物源示踪的地球化学方法主要包括如下几种。

1）微量元素地球化学研究：不同元素的地球化学行为在表生环境下存在显著性差异，一些微量元素的性质稳定，在母岩的风化剥蚀，物质的搬运、沉积，以及包括成岩在内的过程中难以发生迁移，可能几乎是等量地转移到沉积物中，并且这类元素的生物富集程度非常低，基本上能够代表碎屑源区物质的地球化学特征，因而可作为沉积物物质来源的良好示踪剂（Norman and De Deckker，1990；McManus et al.，1998）。

2）稀土元素地球化学研究：稀土元素（REE）在自然界中的含量较低，它们在沉积物中往往以颗粒态的形式赋存于黏土矿物或者重矿物之中，而吸附态和溶解态等存在形式的比例较小（刘季花，1998）。因 REE 在表生环境中的性质非常稳定，沉积物中的 REE 受母岩的风化剥蚀、碎屑的搬运、沉积和成岩过程及变质作用等的影响很小，所以常被作为沉积物物质来源的重要示踪剂（Rollinson，1993；杨守业和李从先，1999a）。

最早开展的研究工作是 1935 年米纳米（Minami）对欧洲和日本古生代与中生代时期页岩的分析，直到 20 世纪 60 年代才陆续开展了一些其他方面的研究工作，但是到目前为止已有不少国内外学者应用 REE 成功地开展了沉积物物源的研究。例如，Cullers 等（1987）对取自美国科罗拉多州的土壤、河流沉积物中的 REE 组成的研究，探讨了 REE 组成与物质粒级、矿物组成等的关系，进而区分了深成岩、变质岩、混合岩等不同物质来源的贡献。Murray 等（1991）根据日本海燧石中 Ce 的异常及 La/Ce 的大小，识别出了内陆物质来源、洋中脊物质来源及远洋物质来源等几类，并结合中新世—更新世日本海沉积物中 REE 的组成特征，进一步讨论了沉积物中 REE 组成受不同来源的影响程度。

近几十年来，中国近海沉积物中 REE 的特征也得到了广泛的研究。赵一阳等（1984）研究了东海沉积物中 REE 的组成和分布模式，发现沉积物粒度大小、矿物组成、研究区水深及生物作用是影响 REE 分布的主要因素；王金土（1990）的研究发现黄海沉积物中的 REE 丰度及其配分模式具有典型的陆源特征。杨守业和李从先（1999a）与杨守业等（2003）为研究不同源区 REE 的特征，分别对我国长江、黄河及韩国主要河流沉积物进行了研究，发现长江与黄河沉积物中 REE 组成的差异是由流域地质背景的差异和不同的风化特征所致；而我国与韩国河流沉积物的 REE 分异参数 $(La/Yb)_{UCC}$、$(Gd/Yb)_{UCC}$、La/Sc 和 Th/Sc 等元素特征存在显著性差异，可作为区分的依据。REE 在不同粒级沉积物中的富集规律同样引起了广泛关注，REE 多富集在细粒物质中，沉积物中黏土粒级的 REE 组成往往与物源最近似，其配分形式往往与源区物质的 REE 组成特征近似（Cullers et al.，1987，1988；王金土，1990）。有学者指出，在用 REE 来研究沉积物的物质来源时，应该先系统研究沉积物的物质组成（粒度组成）及不同粒级的矿物学特征；应注重 REE 的绝对丰度，更应详细解读 REE 标准化配分模式曲线的几何形态。

　　3）元素同位素地球化学研究：不同环境或者不同物质来源的元素同位素组成特征存在明显差异，且表生带中温度、压力、pH、Eh 和生物作用等变化对其影响很小，因此元素同位素的组成具有明显的"指纹特征"。海洋沉积物中元素同位素组成的变化能够反映物质的主要来源信息，尤其对示踪环境污染物质的来源及其传输规律，以及定量评价自然过程和人为活动对大气、海洋和沉积环境的贡献等具有重要作用（Shotyk et al.，1998），当前研究较为广泛的为 Sr 和 Pb 的同位素。孟宪伟等（2000）研究了 Sr 同位素在我国黄海和长江流域细粒沉积物中的组成，发现 $^{87}Sr/^{86}Sr$ 的空间分布受流域内地壳岩石的同位素组成、年龄和化学风化强度的控制，因而 $^{87}Sr/^{86}Sr$ 的比值可作为区分黄河、长江物质来源的有效指标。Pb 同位素的研究则更多地用于示踪污染物质的来源，Choi 等（2007）利用稳定 Pb 同位素的研究发现黄海沉积物中的 Pb 以河流输入等自然来源为主；Hao 等（2008）利用 Pb 同位素组成的时间变化趋势发现在 20 世纪 80 年代以后 Pb 同位素的组成具有明显人为来源的特征；胡宁静等（2015）则发现黄河口区域的 Pb 同位素组成与黄河沉积物较为相似，以黄河源为主，而莱州湾内部分区域的 Pb 同位素组成则受到人类活动的影响。随着分析技术的发展，不断有新的痕量元素同位素得以分析，应用 Mo、Fe、Cu、Zn 等同位素示踪剂来研究全球变化下的海洋记录成为近几年国际海洋学的前沿与热点（宋金明等，2002）。

　　元素地球化学在沉积物物源示踪方面采用的主要手段和方法如下。

　　1）区分物源端元组分中元素的含量特征是进行沉积物来源研究的前提条件。我国的学者在区分东海的主要物质来源方面做了大量的研究，赵一阳和鄢明才（1992）比较分析了我国浅海、黄河、长江等沉积物中的化学元素特征，蓝先洪

（1995）发现 Ti、Zr、V、Co、Cr、Ga 等元素丰度在我国黄河口、长江口和珠江口三大河口的沉积物中差别较大，主要是受到了物质来源、河口环境的影响所致。杨守业和李从先（1999b）系统地对比研究了长江和黄河沉积物中的元素含量，结果表明，长江沉积物相对富集 K、Fe 和 Al 等常量元素及绝大多数微量元素，元素含量变化较大；黄河沉积物则相对富集 Ca、Na、Sr、Ba、Th、Zr 和 Hf 等元素，元素含量变化较小；他们还归纳了识别黄河和长江物质的主要指标，包括 Cu、Zn、Se、Ti、Fe、V、Ni、Cr、Mn、Li、Zr、Hf、Al 等元素含量及 La/Sc、Th/Co、La/Co、Ti/Zr、Zr/Y 等元素比值。刘明和范德江（2009）同样研究了长江和黄河沉积物中元素地球化学特征的差异，发现由于流域的地质背景、气候条件、风化程度等因素的差异，两类沉积物中 Al、Fe、Mn、P、K、S、Cl、Rb、Zn、V、Cu 及 Ca、Ba、Sr 元素含量差别明显。

2）元素之间比值的变化规律可用来指示元素的相对富集或亏损状态，并反映其变化的幅度（秦蕴珊等，1987）。例如，Fe^{2+}/Fe^{3+} 比值常用作反映沉积作用的氧化还原环境（刘英俊等，1985）；Ce/Mn、Ni/Mn、Ba/Sr 等比值常用作反映海洋自生组分的比例，Zr/Rb、Zr/Cs、Hf/Cs 等则常用来反映与陆源物质有关的酸性、基性组分的比例（刘季花等，1994）。

3）沉积物中单个元素的特征变化往往具有多解性，难以反映元素含量变化的复杂控制因素，然而通过分析元素之间的相关关系，或者结合数理统计方法对元素含量进行因子分析、聚类分析等，获取一定的元素组合，能够对沉积物的物质来源或者沉积环境进行解译（刘明和范德江，2010）。

4）元素的赋存形态特征也是指示其来源和存在机制的重要指标。元素的形态分析指利用不同的提取方法获取元素在沉积物中的赋存形态，不同形态元素的活动性存在显著性差异（林承奇等，2014），重金属元素的形态分析常常作为指示人类活动污染程度的重要手段（Calmano et al.，1993）。

8.2　沉积物物源分区

8.2.1　Q 型聚类分析

常量和微量元素的丰度与沉积物的类型有着密切的相关性，沉积物中常量元素和微量元素组成主要取决于源区母岩特征和沉积物类型控制，同时也受到源区风化剥蚀及河流输运过程、粒度特征、自生碳酸盐、自生 Fe-Mn 氧化物和氢氧化物、重矿物等因素的影响（杨守业和李从先，1999b）。例如，常量元素和微量元素会随着沉积物粒径的变化而呈现有规律的变化，一般是随着粒度变细，其含量依次增高（图 8.1）。因此，可在消除粒度影响效应的基础上，剔除重金属元素

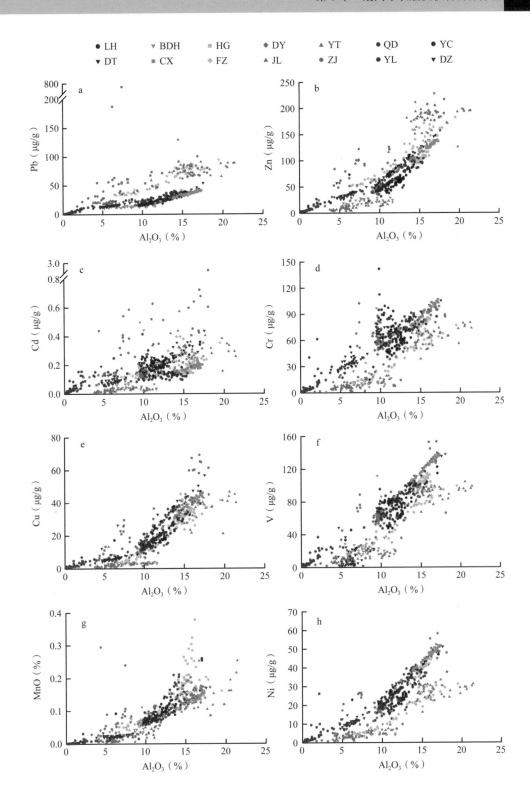

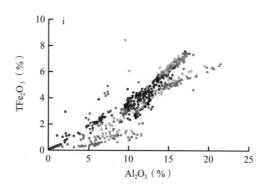

图 8.1　14 个典型潮间带重金属元素、MnO、TFe_2O_3 与 Al_2O_3 的线性关系

等受人类活动排污影响的元素后，选取常量元素和微量元素来进行研究区沉积物的物源判别。多元统计分析方法是一种有效的地球化学分类方法，在对海洋沉积物的分类及影响因素的探讨方面得到了广泛的应用。

我国潮滩重金属元素背景线要分区构建，母岩源区及其风化差异导致南北重金属元素背景的差异，研究区潮间带沉积物主要为陆源河流入海物质，为了探讨研究区沉积物的物质来源，选取每个站位沉积物常量元素和微量元素或其氧化物（含稀土元素；剔除重金属元素等受人类活动排污影响的元素）Al_2O_3、CaO、TFe_2O_3、K_2O、MgO、MnO、Na_2O、P_2O_5、TiO_2、SiO_2、Sr、V、Li、Co、Ni、Rb、Hf、Sc、Y、La、Ce、Pr、Nd、Sm、Eu、Gd、Tb、Dy、Ho、Er、Tm、Yb、Lu 等特征参数为变量进行聚类分析。本研究通过对由南至北典型潮间带表层沉积物中各常量元素和微量元素（剔除重金属元素等受人类活动排污影响的元素）分布模式的系统分析，使用 SPSS 13.0 软件对样品进行 Q 型聚类分析，组间距离由欧氏距离平方确定。

Q 型聚类是对样品进行的系统聚类分析，按照各类型内部距离最小、类型之间距离最大的原则将具有相同特征的样品聚为一类。聚类结果显示，研究区沉积物可划分为五种类型元素地球化学分区（图 8.2）：①青岛大沽河口（QD）、辽宁大辽河口（LH）、山东黄河口（DY）、江苏苏北盐城浅滩（YC），属于黄河流域；②上海长江口崇明东滩（DT）、天津汉沽（HG）、浙江慈溪杭州湾南岸（CX），除天津汉沽外，属于长江流域；③烟台四十里湾（YT）、河北北戴河（BDH），属于粒度较粗的砂质沉积物；④海南东寨港（DZ）、广西英罗湾（YL），属于北部湾；⑤厦门九龙江口（JL）、福建福州闽江口（FZ）、广东珠江口（ZJ），属于珠江流域。这些典型潮间带常量元素组成从大的空间背景看符合物源分区的特征，但具体与空间纬度序列也有差别，反映了潮滩地区近岸的物源供应组成往往并不单一。

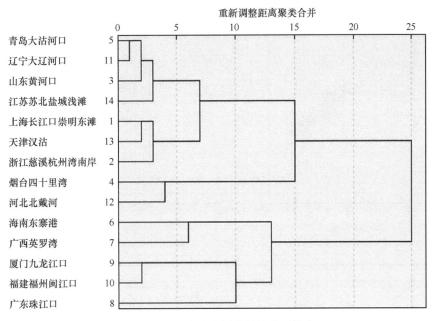

图 8.2　Q 型聚类分析背景线分区构建

　　我国近海沉积物的地球化学特征与黄河、长江、珠江沉积物的地球化学特征基本一致，主要显示了元素的物源效应。近海沿岸沉积物的元素丰度相对接近内陆沉积物的元素丰度，而与大洋深海黏土的元素丰度差别较大，体现了元素的亲陆性（赵一阳等，2002；石学法等，2015）。从相对较大的空间尺度上，黄河物质控制了渤海和黄海的大部分地区，而长江物质则主要影响东海内陆架区域。长江和黄河混合源是研究海域沉积的基本特征（范德江等，2002）。以重金属 Cu 元素为例，扣除粒度效应的影响，Cu-Al 坐标投点，亦可发现如上述元素地球化学分区现象。由图 8.3 可知，位于华南地块的福建福州闽江口（FZ）、广西英罗湾（YL）和海南东寨港（DZ）的 Cu-Al 坐标投点斜率较小，明显小于纬度相对较高的其他潮间带区域，而 Al$_2$O$_3$ 则是越往南含量越高，体现了华南地块特有的陆源背景和物源区信息（杨作升，1988）。

8.2.2　判别函数

　　REE 的各个参数，包括轻重稀土元素分异度、Ce 异常及 Eu 异常都非常相近，基本不受沉积物底质类型的影响，物质来源是决定它们变化特征的主要控制因素，而风化剥蚀、搬运、水动力、沉积成岩及变质作用等过程对其影响相对较小，因而常用来指示沉积物物源（杨守业和李从先，1999a）。黄河、长江、

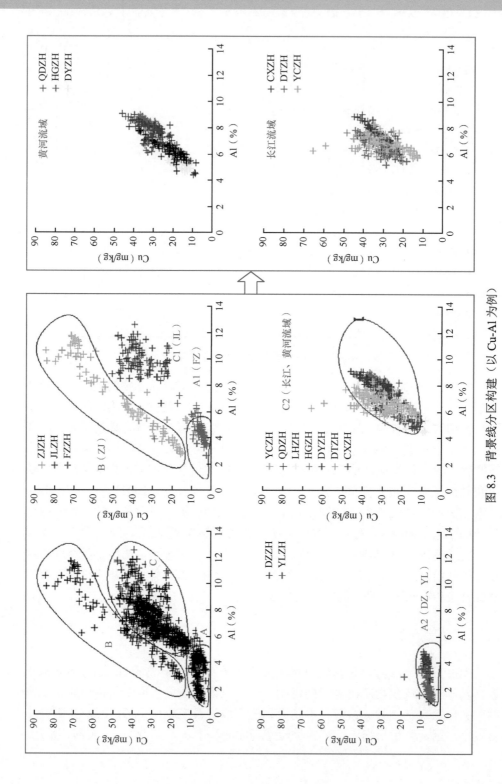

图 8.3　背景线分区构建（以 Cu-Al 为例）

我国其他河流的沉积物及黄土与沉积层中 REE 球粒陨石标准化曲线形态非常相似，LREE 相对 HREE 富集，Eu 明显亏损。我国河流沉积物、黄土及沉积层中的 REE 组成比较相似，且与上陆壳的 REE 含量（REE 为 146.37 mg/kg）和分布相近，故它们的 REE 分布特征可以用来示踪上陆壳组成。长江与黄河沉积物的母岩性质和源区物理、化学风化差异是控制沉积物中元素组成的主要因素（赵一阳等，1990；杨守业和李从先，1999a）。

　　黄河沉积物 90% 来自黄河中游的黄土高原，黄河沉积物继承了黄土中 REE 组成的部分特点，但黄河沉积物中 REE 含量稍低。样品预处理、分析方法、黄土进入河流后的改造及黄河沉积物中混入其他物质都可能造成黄河沉积物与黄土中 REE 地球化学特征的差异。长江流域岩性复杂，上游主要分布有火成岩、碳酸盐岩，下游主要分布有沉积岩，中上游及下游地区中酸性火成岩多有出露，与酸性岩有关的 REE 矿产分布较广，因此长江沉积物中 REE 相对黄河流域具有较高的背景值（赵一阳等，1990；杨守业和李从先，1999a）。此外，长江流域相比黄河流域气温较高、降雨较多、化学风化强烈，致使长江河流沉积物中碱金属和碱土金属被大量地淋溶带走，土壤呈酸性，沉积物沉积环境 pH 降低后，河流中胶体含量较高，因而吸附较多的 REE，尤其是 LREE。

　　本研究使用判别函数（DF）来判断研究区沉积物与不同物源之间的接近程度，从而验证不同物源对研究区沉积物的影响程度。具体计算方法如下（杨守业等，2000）：

$$DF = |C_{ix} - C_{im}| / C_{im}$$

式中，i 为元素或两元素之比；C_{ix} 为研究区柱状沉积物中元素的质量分数或两元素质量分数之比；C_{im} 为端元沉积物中元素的质量分数或两元素质量分数之比。DF 值越大、越偏离 0，说明研究区表层沉积物组成越偏离端元；而 DF 值越小、越接近 0，说明研究区表层沉积物样品中元素组成越接近端元。

　　为使判别函数能够更加有效地反映研究区沉积物与端元的接近程度，一般选择具有相近化学性质的元素对比值来计算 DF，稀土元素作为一组地球化学性质稳定且极为相近的元素，符合物源判别的条件。本研究分别选取长江和黄河中下游及河口地区的河漫滩与三角洲平原的沉积物平均值（杨守业和李从先，1999a）、珠江沉积物样品的平均值（王立军等，1998）作为端元（表 8.1），拟使用 Sm/Nd 元素对计算研究区沉积物的 DF 值（表 8.2）。

表 8.1　常用稀土元素标准化数值及主要参数

类型	元素含量（mg/kg）														• REE	LREE/ HREE	δCe (CN)	δEu (CN)	La/Yb (CN)	La/Sm (CN)	Gd/Yb (CN)
	La	Ce	Pr	Nd	Sm	Eu	Gd	Tb	Dy	Ho	Er	Tm	Yb	Lu							
CI 碳质球粒陨石	0.310	0.808	0.122	0.600	0.195	0.0735	0.259	0.0474	0.322	0.0718	0.210	0.0324	0.209	0.0322	3.29						
上陆壳（UCC）	30	64	7.1	26	4.5	0.88	3.8	0.64	3.5	0.8	2.3	0.33	2.2	0.32	146.37	8.91	1.05	0.65	8.30	4.19	1.39
北美页岩（NASC）	32	73	7.9	33	5.7	1.24	5.2	0.85	5.8	1.04	3.4	0.5	3.1	0.48	173.21	7.02					
澳大利亚后太古界页岩（PAAS）	44.56	88.25	10.15	37.32	6.884	1.215	6.043	0.8914	5.325	1.052	3.075	0.451	3.012	0.4386	208.67						
中国东部泥质岩	50.0	88.0	9.8	40.0	7.2	1.4	6.2	1.0	5.8	1.2	3.2	0.49	3.0	0.47	217.76						
中国浅海表层沉积物	33.00	67.00	7.37	29.00	5.60	1.00	5.11	0.73	3.42	0.64	1.50	0.15	2.20	0.24	156.96						
长江沉积物	36.09	65.08	8.33	32.6	6.09	1.3	5.58	0.85	4.71	0.98	2.56	0.37	2.23	0.33	167.11	7.84	0.9	0.68	11.09	3.73	2.05
黄河沉积物	28.97	53.92	7.07	26.67	4.99	1.04	4.65	0.75	3.92	0.84	2.23	0.35	2.05	0.31	137.74	7.54	0.91	0.66	9.83	3.66	1.88
珠江沉积物	54.31	118.5	12.83	46.05	8.82	1.62	7.42	1.12	5.78	1.13	3.07	0.49	3.05	0.51	264.7	10.79		0.71			
中国马兰黄土	32.96	66.92	6.74	28.15	5.74	1.14	4.87	0.84	4.62	0.95	2.68	0.43	2.74	0.43	159.21	8.07	1.08	0.66	8.11	3.61	1.43

注：①CI 碳质球粒陨石平均值来自 Boynton（1984）；②上陆壳（UCC）平均值来自 Taylor 和 McLennan（1995）；③北美页岩（NASC）平均值来自 Gromet 等（1984）；④澳大利亚后太古界页岩（PAAS）平均值来自 Pourmand 等（2012）；⑤中国东部泥质岩平均值来自鄢明才和迟清华（1997）；⑥中国浅海表层沉积物平均值来自赵一阳等（1990）；⑦长江沉积物和黄河沉积物平均值（取自长江中下游及河口漫滩及三角洲平原）来自杨守业和李从先（1999a）；⑧珠江沉积物平均值来自王立军等（1998）；⑨中国马兰黄土平均值来自吴明清等（1991）。CN 为采用 CI 碳质球粒陨石标准化。

表 8.2　我国潮间带沉积物 Sm/Nd 判别函数（DF）

代表站位	DF（黄河）		DF（长江）		DF（珠江）	
	范围	均值±偏差	范围	均值±偏差	范围	均值±偏差
LHZH01	0.007 ~ 0.177	0.083±0.042	0.002 ~ 0.149	0.059±0.038	0.103 ~ 0.335	0.227±0.050
LHZH02	0.040 ~ 0.024	0.029±0.016	0.001 ~ 0.084	0.040±0.024	0.065 ~ 0.206	0.120±0.034
LHZH03	0.038 ~ 0.030	0.039±0.034	0.002 ~ 0.132	0.038±0.030	0.034 ~ 0.316	0.153±0.056
HGZH01	0.019 ~ 0.015	0.041±0.019	0.001 ~ 0.055	0.019±0.015	0.138 ~ 0.226	0.181±0.021
HGZH02	0.024 ~ 0.016	0.047±0.019	0.001 ~ 0.062	0.024±0.016	0.142 ~ 0.234	0.188±0.022
DYZH01	0.048 ~ 0.036	0.032±0.032	0.004 ~ 0.138	0.048±0.036	0.001 ~ 0.181	0.108±0.044
DYZH02	0.028 ~ 0.019	0.023±0.018	0.002 ~ 0.084	0.028±0.019	0.064 ~ 0.236	0.140±0.032
QDZH02	0.032 ~ 0.025	0.024±0.018	0.000 ~ 0.093	0.032±0.025	0.054 ~ 0.203	0.129±0.034
QDZH03	0.052 ~ 0.043	0.051±0.033	0.001 ~ 0.147	0.052±0.043	0.003 ~ 0.266	0.124±0.067
YCZH01	0.048 ~ 0.033	0.046±0.037	0.004 ~ 0.139	0.048±0.033	0.000 ~ 0.296	0.146±0.066
YCZH02	0.028 ~ 0.017	0.051±0.020	0.000 ~ 0.066	0.028±0.017	0.142 ~ 0.238	0.192±0.023
YCZH03	0.023 ~ 0.016	0.022±0.021	0.000 ~ 0.073	0.023±0.016	0.087 ~ 0.247	0.151±0.031
DTZH01	0.016 ~ 0.013	0.031±0.015	0.000 ~ 0.070	0.016±0.013	0.081 ~ 0.209	0.167±0.024
DTZH02	0.031 ~ 0.022	0.041±0.033	0.002 ~ 0.092	0.031±0.022	0.118 ~ 0.269	0.178±0.041
CXZH01	0.024 ~ 0.010	0.048±0.013	0.000 ~ 0.046	0.024±0.010	0.144 ~ 0.216	0.189±0.014
CXZH02	0.022 ~ 0.017	0.036±0.023	0.000 ~ 0.085	0.022±0.017	0.110 ~ 0.261	0.172±0.030
FZZH01	0.118 ~ 0.055	0.097±0.056	0.038 ~ 0.299	0.118±0.055	0.002 ~ 0.185	0.058±0.036
FZZH02	0.102 ~ 0.064	0.080±0.066	0.031 ~ 0.367	0.102±0.064	0.005 ~ 0.264	0.075±0.043
YLZH01	0.198 ~ 0.122	0.188±0.116	0.010 ~ 0.502	0.198±0.122	0.019 ~ 0.426	0.153±0.101
YLZH02	0.243 ~ 0.088	0.225±0.091	0.044 ~ 0.400	0.243±0.088	0.002 ~ 0.303	0.134±0.084
JLZH01	0.094 ~ 0.061	0.08±0.0540	0.005 ~ 0.279	0.094±0.061	0.001 ~ 0.230	0.079±0.057
JLZH02	0.112 ~ 0.079	0.092±0.080	0.008 ~ 0.299	0.112±0.079	0.001 ~ 0.185	0.088±0.041
ZJZH01	0.180 ~ 0.020	0.160±0.020	0.147 ~ 0.230	0.180±0.020	0.009 ~ 0.105	0.047±0.023
ZJZH02	0.163 ~ 0.027	0.143±0.028	0.126 ~ 0.222	0.163±0.027	0.000 ~ 0.096	0.033±0.025
DZZH01	0.118 ~ 0.083	0.121±0.082	0.000 ~ 0.359	0.118±0.083	0.001 ~ 0.467	0.178±0.124
DZZH02	0.084 ~ 0.068	0.075±0.060	0.001 ~ 0.297	0.084±0.068	0.002 ~ 0.26	0.104±0.063

　　研究发现：①黄河沉积物的 Sm/Nd 值为 0.1871，与长江沉积物的 0.1868 相近，也与珠江沉积物的 0.1915 差别不大；②DF 值指示的福建福州闽江口（FZ）以南沉积物［尤其是广东珠江口（ZJ）］也均来源于长江和黄河，这与实际情况不符。以 Sm/Nd 元素对计算出的 DF 结果并不理想（图 8.4），这应与我国潮间带

沉积物来自内陆上地壳，性质稳定且相近的元素对难以区分物化、风化差异较大的物源环境有关。

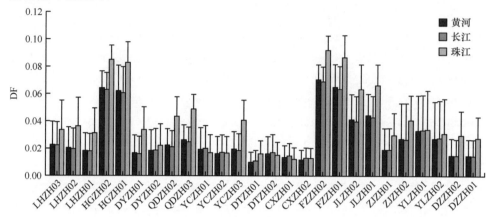

图 8.4　我国潮间带沉积物 Sm/Nd 判别函数（DF）的均值±偏差

经过反复比对，发现 Eu/Sm 元素对较 LREE/HREE（韩宗珠等，2010）、Ce/La（宁泽等，2018）更适用于本次研究。黄河沉积物和长江沉积物的 Eu/Sm 端元值分别为 0.208 和 0.213，同样非常接近，但与珠江沉积物的 0.184 差异显著。以 Eu/Sm 元素对计算的 DF 值见图 8.5。

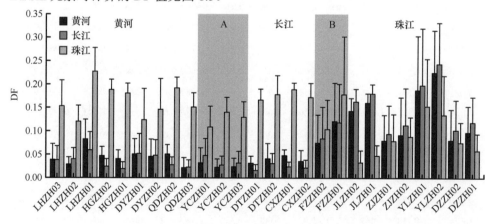

图 8.5　我国潮间带沉积物 Eu/Sm 判别函数（DF）的均值±偏差

A. 黄河-长江物源混合过渡区；B. 长江-珠江物源混合过渡区。自左到右依次为沿海岸线由北至南顺序

研究发现：①基于 Eu/Sm 判别函数（DF），以福建福州闽江口（FZ）FZZH01 和 FZZH02 为界，将南北沉积物物源划分为两大类型，即黄河-长江物源区和珠江物源区；②单纯利用 DF 值难以区分福建福州闽江口（FZ）以北的沉积物是来自长江还是黄河，这与杨守业和李从先（1999a）研究发现的"稀土元

素分异参数在区分长江和黄河物源时不够敏感和有效"相吻合；③由于历史时期废黄河在江苏苏北盐城浅滩（YC）附近入海，加上江苏沿岸由南向北的逆时针沿岸流，将其作为黄河和长江物源混合过渡区；④青岛大沽河口（QD）以北是以黄河为代表的北方河流物源区，上海长江口崇明东滩（DT）和浙江慈溪杭州湾南岸（CX）为长江物源区。

我国典型潮间带共划分为 5 个区（图 8.5）：①黄河物源区［青岛大沽河口（QD）、山东黄河口（DY）、天津汉沽（HG）、辽宁大辽河口（LH）］；②黄河-长江物源混合过渡区［江苏苏北盐城浅滩（YC）］；③长江物源区［上海长江口崇明东滩（DT）和浙江慈溪杭州湾南岸（CX）］；④长江-珠江物源混合过渡区［福建福州闽江口（FZ）］；⑤珠江物源区［厦门九龙江口（JL）、广东珠江口（ZJ）、广西英罗湾（YL）、海南东寨港（DZ）］。

为对比分析 Eu/Sm 判别函数（DF）划分的潮间带分区，使用 SPSS 13.0 软件对我国典型潮间带各元素含量进行了 R 型因子分析（表 8.3），以综合分析其整体变化特征，并且直观、有效地将其进行分区对比。通过分析，共提取了 2 个主控因子，它们的累计方差贡献率大于 75%，基本上代表了我国典型潮间带沉积物元素分布的主要控制因素。直接根据主控因子 1 负载荷的变化特征进行区域划分，和 Eu/Sm 判别函数（DF）划分的潮间带分区一致，5 个区划分相同。

我国各个典型潮间带母岩源区及其风化差异直接导致南北重金属元素背景的差异，剔除重金属元素等受人类活动排污影响的元素后进行 Q 型聚类分析，构建重金属元素背景线分区，将我国典型潮间带沉积物物源共划分为 5 个区（图 8.3）：①辽宁大辽河口（LH）；②黄河流域［包括天津汉沽（HG）、山东黄河口（DY）和青岛大沽河口（QD）］；③长江流域［包括江苏苏北盐城浅滩（YC）、上海长江口崇明东滩（DT）和浙江慈溪杭州湾南岸（CX）］；④福建福州闽江口（FZ）、厦门九龙江口（JL）和广东珠江口（ZJ）；⑤广西英罗湾（YL）和海南东寨港（DZ）。

Q 型聚类分析和判别函数针对我国典型潮间带沉积物物源分区结果稍有不同，通过地球化学元素 R 型因子分析后对比各个潮间带主控因子特征发现，基于 Eu/Sm 的判别函数更适合判别我国典型潮间带物源分区，为背景构建提供物源分区支撑。

8.3　小结

本章通过对我国 14 个典型潮间带表层沉积物物源分区研究，发现以下两点。

1）Q 型聚类分析和判别函数针对我国典型潮间带沉积物物源分区结果稍有不同，通过地球化学元素 R 型因子分析后对比各个潮间带主控因子特征发现，

表 8.3 我国典型潮间带沉积物因子载荷矩阵

潮间带	分区	主控因子 1		主控因子 2	
		正载荷	负载荷	正载荷	负载荷
辽宁大辽河口	1	Pb、Cu、Cs、Zn、Ni、Co、TFe₂O₃、Li、MgO、MnO	SiO₂	Nb、Ta、TiO₂、Ge、W	/
天津汉沽		● LREE、Cs、Tl、Ga、● HREE、Th、Pb、V、TFe₂O₃、Ni	SiO₂	Zn、Rb、MnO、Sc、K₂O	Hf、Zr、Ba
山东黄河口		Ni、V、Co、Sc、MgO、TFe₂O₃、Cr、Li、P₂O₅、Cs	SiO₂	Tl、Rb、Th、Ta、W、Mo、U、Pb、Zn、Nb	CaO
青岛大沽河口		Rb、Co、Pb、Ga、Zn、MgO、Tl、Cu、P₂O₅、Ni、Cs	SiO₂	/	Na₂O、Ba、Sr、K₂O、CaO
江苏苏北盐城浅滩	2	Pb、TFe₂O₃、Ga、Cu、Co、Ni、Zn、MgO、MnO、V	SiO₂	● LREE、Nb、Th、TiO₂、∑HREE、Cr、Lu、Cd	Ba、K₂O
上海长江口崇明东滩	3	K₂O、Rb、Co、Ni、Li、Cs、Tl、Al₂O₃、Zn、TFe₂O₃	Sr、Na₂O、Zr、CaO	U、● LREE、∑HREE、Lu、TiO₂、P₂O₅	/
浙江慈溪杭州湾南岸		Mo、Cu、TFe₂O₃、Li、W、Cs、MnO、V、Pb、Ni	CaO、Sr、Hf、Zr	TFe₂O₃、Li、Pb、Ni、Co、Zn	Hf、Zr、Na₂O、SiO₂
福建福州闽江口	4	Cu、Zn、Ni、Mo、Co、Pb、Cs、P₂O₅	SiO₂、Ba、K₂O	Hf、Zr、Th、Lu	/
厦门九龙江口	5	MgO、Cs、V、Ni、Co、TiO₂、Na₂O、Be、● LREE	Zr、Hf、SiO₂、Mo	Al₂O₃、TFe₂O₃、Li、Sc、Ga、● HREE、Lu	/
广东珠江口		Ni、MgO、V、Li、Cu、Co、TFe₂O₃、P₂O₅、Sc、Cs	SiO₂	Hf、Zr、U、Lu、Th、● HREE、Ta、Nb	/
广西英罗湾		Cs、Rb、Tl、Li、K₂O、Al₂O₃、Ga、Pb、Na₂O	SiO₂	Co、Ni、Cr、MnO、P₂O₅、TFe₂O₃、V、Sc	SiO₂
海南东寨港		Cs、Li、Ga、Al₂O₃、Sc、V、TFe₂O₃、Ni、Co、Rb	Hf、Zr	U、Ta、Hf、Zr、Nb、● LREE、Th、Lu、● HREE	Sr、CaO、Co、MgO、MnO

注:"/"代表无载荷因子

基于 Eu/Sm 的判别函数更适合判别我国典型潮间带物源分区。

2）基于 Eu/Sm 的判别函数，将我国典型潮间带表层沉积物物源共划分为5 个分区：①黄河物源区［青岛大沽河口（QD）、山东黄河口（DY）、天津汉沽（HG）、辽宁大辽河口（LH）］；②黄河-长江物源混合过渡区［江苏苏北盐城浅滩（YC）］；③长江物源区［上海长江口崇明东滩（DT）和浙江慈溪杭州湾南岸（CX）］；④长江-珠江物源混合过渡区［福建福州闽江口（FZ）］；⑤珠江物源区［厦门九龙江口（JL）、广东珠江口（ZJ）、广西英罗湾（YL）、海南东寨港（DZ）］。

第 9 章

潮间带表层沉积物质量现状评价

沿岸排污和入海河流挟带的污染物使潮间带成为重金属的重要归宿之一。潮间带重金属/有机污染物等除了直接影响潮间带生物及通过食物链的生物富集和放大作用影响人类健康，还会由于潮间带水动力和生物活动的影响，造成污染物的重新分布和释放，产生"二次污染"，直接危害近岸环境。因而，潮间带沉积物中污染物的质量现状评价具有重要意义。

9.1　沉积物质量评价方法

沉积物重金属环境质量评价的方法有很多，本次选用尼梅罗综合指数法、富集因子法、沉积物质量基准商、地累积指数法等开展评价。

（1）尼梅罗综合指数法

尼梅罗综合指数法是一种多因子综合评价方法，数学过程简洁，运算方便，物理概念清晰。对于一个评价区，只需计算出它的综合指数，再对照相应的分级标准，便可知道该区某环境要素的综合环境质量状况，便于决策者做出综合决策。其计算公式如下：

$$P = \sqrt{\frac{(\overline{P})^2 + P_{i\max}^2}{2}} \tag{9.1}$$

式中，P 为尼梅罗综合污染指数；$P_{i\max}$ 为沉积物中污染因子 i 污染指数的最大值；$\overline{P}$ 为沉积物中各污染因子污染指数的平均值，其计算公式为

$$\overline{P} = \frac{1}{n}\sum_{i=1}^{n} P_i \tag{9.2}$$

式（9.2）中单因子污染指数 P_i 的计算公式为

$$P_i = \frac{\rho_i}{S_i} \tag{9.3}$$

式中，ρ_i 为沉积物中 i 污染物的实测浓度，单位为 mg/kg；S_i 为沉积物中 i 污染物的评价标准，采用《海洋沉积物质量》（GB 18668—2002）一类标准，单位为 mg/kg。当某种污染因子的污染指数大于 1 时，说明该污染因子含量超标。

尼梅罗综合污染指数和污染程度的关系如表 9.1 所示。

表 9.1　尼梅罗综合污染指数和污染程度的关系

尼梅罗综合污染指数	污染等级	污染程度	尼梅罗综合污染指数	污染等级	污染程度
$P < 0.5$	Ⅰ	清洁	$2.5 \leqslant P < 7.0$	Ⅳ	中污染
$0.5 \leqslant P < 1.0$	Ⅱ	较清洁	$P \geqslant 7.0$	Ⅴ	重污染
$1.0 \leqslant P < 2.5$	Ⅲ	轻污染			

（2）富集因子法

沉积物中重金属的含量主要受到自然来源、人为活动的释放及沉积物对重金属吸附能力强弱的共同影响（Mecray and Buchholtz ten Brink，2000），受沉积物粒径分布和矿物组成的影响，沉积物中重金属的总量并不能真实反映其污染状态（Covelli and Fontolan，1997）。富集因子（enrichment factor，EF）法主要通过与背景值的比较，同时扣除粒度等的影响，来有效地评估人类活动对重金属含量的影响（Balachandran et al.，2005）。计算 EF 时采用 Al 作为标准化元素，考虑到区域的差异，背景值尽量采用不同研究区的海洋沉积物背景值。Sutherland（2000）根据元素富集因子的大小将沉积物富集程度划分为 5 类：EF < 2，表示无富集至轻度富集；EF 为 2 ~ 5，中等富集；EF 为 5 ~ 20，显著富集；EF 为 20 ~ 40，高度富集；EF > 40，极高度富集。

EF 的计算公式如下：

$$EF=\left(\frac{Me}{Al}\right)_{sample}\bigg/\left(\frac{Me}{Al}\right)_{background} \tag{9.4}$$

式中，$\left(\dfrac{Me}{Al}\right)_{sample}$ 和 $\left(\dfrac{Me}{Al}\right)_{background}$ 分别代表样品和背景值中重金属元素与 Al 含量的比值。

（3）沉积物质量基准商

利用沉积物质量基准（sediment quality guideline，SQG）评价沉积物污染物质的生态效应，最早应用于单一的重金属类物质评价，Long 等（1998）根据沉积物质量基准提出基于 SQG 的多种重金属的平均沉积物质量基准，该评价指数表达如下：

$$SQG\text{-}Q = \frac{\sum_{i=1}^{n}PEL\text{-}Q_i}{n} \tag{9.5}$$

$$PEL\text{-}Q_i = \frac{C_i}{PEL_i} \tag{9.6}$$

式中，n 为重金属种数；C_i 为第 i 种重金属的实测浓度；PEL-Q_i 为第 i 种重金属的可能效应水平（PEL）商；PEL_i 为第 i 种重金属的可能效应水平。SQG-Q 指数评价等级分为 4 类，详见表 9.2。

表 9.2　沉积物质量基准系数评价等级

SQG-Q 值	评价等级
SQG-$Q \leqslant 0.1$	无影响，无不利生物毒性效应
$0.1 <$ SQG-$Q \leqslant 0.5$	中低度影响，潜在的不利生物毒性效应
$0.5 <$ SQG-$Q \leqslant 1.5$	中度影响，较强的不利生物毒性效应
SQG-$Q > 1.5$	强影响，极强的不利生物毒性效应

该方法运用可能效应水平（PEL）来确定 SQG-Q 系数。PEL 和阈值效应水平（TEL）均从北美沉积物生物效应数据库（BEDS）中导出。PEL 和 TEL 可用来说明沉积物的重金属污染程度，并用于判别生物毒性效应：当污染物浓度低于TEL 时，不利生物毒性效应很少发生；污染物浓度高于 PEL 时，不利生物毒性效应将频繁发生；重金属浓度介于 TEL 和 PEL 之间时，不利生物毒性效应会偶尔发生（Macdonald et al.，1996；Long et al.，1998）。因此，只要判断一种或几种重金属浓度所在范围就可得出其是否产生生物毒性。

（4）地累积指数法

地累积指数法（I_{geo}）是德国海德堡大学沉积物研究所的 Müller 教授提出的，是一种研究水环境沉积物中重金属污染的定量指标（Müller，1971）。计算公式如下：

$$I_{geo} = \log_2[C_n/(k \times B_n)] \tag{9.7}$$

式中，C_n 是元素在沉积物中的含量（mg/kg）；B_n 是沉积物中该元素的地球化学背景值；k 是考虑各地岩石差异可能会引起背景值的变动而取的系数（一般取值为 1.5）。依据 I_{geo} 将沉积物中重金属污染状况划分为 7 个等级（表 9.3）。

表 9.3　重金属地累积指数与污染级别

污染指标	I_{geo}	污染级别	污染指标	I_{geo}	污染级别
清洁	$\leqslant 0$	0	偏重污染	$3 \sim 4$	4
轻度污染	$0 \sim 1$	1	重污染	$4 \sim 5$	5
偏中度污染	$1 \sim 2$	2	严重污染	> 5	6
中度污染	$2 \sim 3$	3			

（5）有机污染物污染评价

目前，我国无正式准则用于评价水环境沉积物中有机污染物的浓度标准，而潮间带处于淡水环境与海洋环境交汇的特殊水文环境，因此参考标准为加拿大环境部长理事会（CCME）为保护海洋和河口生物而提出的沉积物质量标准

（CCME，1995）（表 9.4），其对淡水及海洋沉积物中持久性有机污染物的浓度进行了限制。

表 9.4　持久性有机污染物质量准则

有机污染物	$ISQG_f$	PEL_f	$ISQG_m$	PEL_m	有机污染物	$ISQG_f$	PEL_f	$ISQG_m$	PEL_m
Ace	6.71	88.9	6.71	88.9	DahA	6.22	135	6.22	135
Ant	46.9	245	46.9	245	DDT	1.19	4.77	1.19	4.77
Flu	21.2	144	21.2	144	DDD	3.54	8.51	1.22	7.81
Phe	41.9	515	86.7	544	DDE	1.42	6.75	2.07	374
Fla	111	2355	113	1494	HCH	0.94	1.38	0.32	0.99
Pyr	53	875	153	1398	Die	2.85	6.67	0.71	4.3
BaA	31.7	385	74.8	693	End	2.67	62.4	2.67	62.4
BaP	31.9	782	88.8	763	Hep	0.6	2.74	0.6	2.74
Chr	57.1	862	108	846	Chl	4.5	8.87	2.26	4.79

注：$ISQG_f$-淡水环境中有机污染物对生物产生负效应的临界浓度；PEL_f-淡水环境中必然产生负效应的浓度；$ISQG_m$-海洋环境中有机污染物对生物产生负效应的临界浓度；PEL_m-海洋环境中必然产生负效应的浓度

9.2　沉积物质量现状评价

9.2.1　尼梅罗综合指数法评价

运用尼梅罗综合指数法对表层沉积物中的 Cu、Pb、Zn、Cd、Cr 元素进行评价。评价结果（表 9.5）表明，29.0% 的站位 P 值在小于 0.5 的范围内，表现为清洁，该区域主要分布在河北北戴河（A2）、烟台四十里湾（A5）、广西英罗湾（A13）和海南东寨港（A14）；49.3% 的站位 P 值为 0.5 ～ 1.0，表现为较清洁，该区域主要分布在辽宁大辽河口（A1）、天津汉沽（A3）、山东黄河口（A4）、江苏苏北盐城浅滩（A7）、上海长江口崇明东滩（A8）、福建福州闽江口（A10）和广东珠江口（A12）；21.2% 的站位 P 值为 1.0 ～ 2.5，表现为轻污染，该区域

表 9.5　沉积物尼梅罗综合污染指数评价

尼梅罗综合污染指数	污染等级	污染程度	站位数（比例）
$P < 0.5$	I	清洁	63（29.0%）
$0.5 \leqslant P < 1.0$	II	较清洁	107（49.3%）
$1.0 \leqslant P < 2.5$	III	轻污染	46（21.2%）
$2.5 \leqslant P < 7.0$	IV	中污染	1（0.5%）
$\geqslant 7.0$	V	重污染	0（0%）

主要分布在浙江慈溪杭州湾南岸（A9）和厦门九龙江口（A11）；0.5% 的站位 P 值为 2.5～7.0，表现为中污染，此污染站位位于厦门九龙江口（A11）；无重污染站位出现。

评价结果空间分布见图 9.1，可以发现，其分布特征与各站位的重金属元素含量分布特征一致。

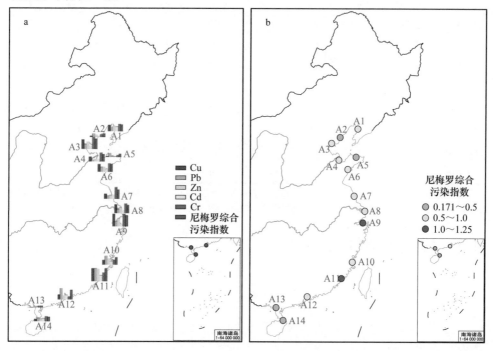

图 9.1　14 个典型潮间带表层沉积物重金属尼梅罗单因子（a）和综合（b）污染指数分布

9.2.2　富集因子评价

本研究采用前人文献中各个潮间带重金属元素的背景值（表 9.6），计算重金属富集因子（表 9.7）；通过重金属元素含量（与 Al 含量的比值）与背景值（与 Al 含量的比值）的比值消除粒度效应。研究发现，重金属元素 Cu、Pb、Zn、Cd、Cr 的富集因子（EF）分别为 0.05～2.40、0.28～5.24、0.02～1.40、0.05～15.89、0.03～5.18，平均值分别为 0.44、0.63、0.52、1.23、0.58。因而，这几种重金属的平均富集水平的排序为：Cd > Pb > Cr > Zn > Cu。按照重金属元素的平均富集状况，可将其分为两类：①Cu、Pb、Zn、Cr 元素，其平均富集因子相对较低，仅个别站位的 EF 超过 1.5，表明这些重金属元素的污染水平较低，接近海洋沉积物自然背景值，富集不明显；②Cd 元素，A1～A7 区域（长江口以北）Cd 的 EF 均小于 1，富集不明显，A8 ～ A14 区域 Cd 富集明显，最大 EF 为 15.89，出现在广西英罗湾（A13）。

表 9.6　14 个典型潮间带重金属元素的背景值　　　　（单位：mg/kg）

区域	Cu	Pb	Zn	Cd	Cr	参考文献
A1	17.54	11.29	55.3	0.14	61.00	
A2	17.54	11.29	55.3	0.14	61.00	赵一阳和鄢明才，1993
A3	17.54	11.29	55.3	0.14	61.00	张雷等，2011
A4	17.54	11.29	55.3	0.14	61.00	
A5	23.84	16.25	80.22	0.11	61.00	李淑媛等，1994
A6	60.34	26.26	78.28	0.66	58.16	张珂等，2011
A7	15.84	24.70	64.68	0.37	60.28	张瑞等，2013
A8	17.43	20.14	48.79	0.09	28.27	Xu et al.，1997
A9	28.39	26.42	92.35	0.11	92.27	汪庆华等，2007
A10	22.40	39.00	83.60	0.06	40.70	刘用清，1995
A11	22.40	39.00	83.60	0.06	40.70	
A12	38.60	44.00	100.70	0.20	81.10	甘华阳等，2010
A13	61.90	28.00	46.20	0.04	36.50	Xia et al.，2011
A14	4.95	22.34	35.11	0.05	39.30	Cao et al.，2013 张远辉和杜俊民，2005

表 9.7　14 个典型潮间带重金属元素的富集因子

区域	指标	Cu	Pb	Zn	Cd	Cr	区域	指标	Cu	Pb	Zn	Cd	Cr
A1	平均值	0.35	0.55	0.47	0.70	0.46	A5	平均值	0.09	0.98	0.08	0.21	0.17
	最小值	0.19	0.47	0.25	0.50	0.24		最小值	0.05	0.53	0.02	0.06	0.08
	最大值	0.46	0.60	0.61	0.84	0.55		最大值	0.15	1.66	0.11	0.37	0.46
A2	平均值	0.08	0.36	0.19	0.18	0.14	A6	平均值	0.19	0.49	0.42	0.09	0.54
	最小值	0.06	0.30	0.14	0.05	0.06		最小值	0.12	0.40	0.29	0.06	0.42
	最大值	0.10	0.46	0.29	0.48	0.33		最大值	0.30	0.64	0.65	0.13	0.65
A3	平均值	0.46	0.50	0.54	0.40	0.59	A7	平均值	0.53	0.39	0.44	0.31	0.79
	最小值	0.38	0.45	0.46	0.37	0.55		最小值	0.38	0.34	0.34	0.17	0.58
	最大值	0.55	0.58	0.61	0.51	0.64		最大值	0.77	0.46	0.59	0.85	1.49
A4	平均值	0.37	0.31	0.33	0.51	0.67	A8	平均值	0.76	0.55	0.82	0.89	1.24
	最小值	0.28	0.28	0.28	0.38	0.52		最小值	0.41	0.43	0.59	0.67	1.17
	最大值	0.44	0.38	0.37	0.60	0.80		最大值	0.96	0.68	0.92	1.11	1.46

续表

区域	指标	Cu	Pb	Zn	Cd	Cr	区域	指标	Cu	Pb	Zn	Cd	Cr
	平均值	0.54	0.45	0.46	0.51	0.38		平均值	0.54	0.45	0.46	0.51	0.38
A9	最小值	0.42	0.35	0.39	0.47	0.36	A12	最小值	0.08	0.54	0.12	0.19	0.03
	最大值	0.64	0.49	0.49	0.54	0.45		最大值	0.58	5.24	0.80	1.53	0.42
	平均值	0.31	0.66	0.53	1.48	0.41		平均值	0.14	0.82	0.88	6.81	1.17
A10	最小值	0.12	0.59	0.44	0.66	0.23	A13	最小值	0.08	0.64	0.28	1.62	0.45
	最大值	0.61	0.75	0.65	2.01	0.60		最大值	0.28	1.06	1.40	15.89	5.18
	平均值	0.63	0.60	0.68	1.62	0.52		平均值	1.44	0.76	0.96	2.69	0.91
A11	最小值	0.42	0.52	0.55	1.18	0.33	A14	最小值	1.18	0.65	0.87	2.06	0.77
	最大值	2.40	0.70	0.88	1.97	0.59		最大值	2.32	0.92	1.08	3.56	1.23

　　重金属元素富集因子（EF）的空间分布见图 9.2，研究区重金属的污染程度并不十分严重，但是富集因子在不同的站位有较大的差别。Pb 和 Cd 表现出的分布模式不同于其他元素，其富集因子的分布也表现出了不同的分布格局，这应该是表明其具有不同的来源、输入方式，或者不同的地球化学行为。

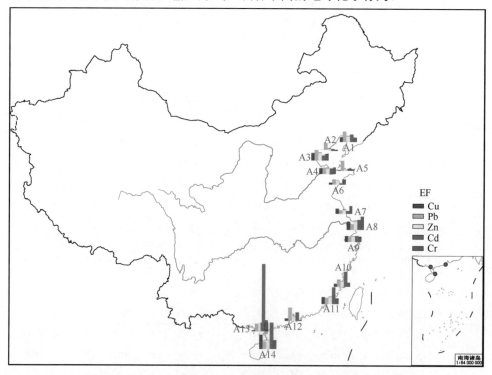

图 9.2　14 个典型潮间带表层沉积物重金属元素富集因子分布

9.2.3 沉积物质量基准商评价

采用沉积物质量基准商（SQG-Q）评价全国 14 个典型潮间带沉积物中重金属的生态风险，结果见表 9.8 和图 9.3。各站位 SQG-Q 值为 0.01 ～ 0.55，变化较大，其中最高值出现在厦门九龙江口（A11）站位，最低值出现在广西英罗湾（A13）站位。除河北北戴河（A2）、烟台四十里湾（A5）、广西英罗湾（A13）沉积物中重金属无生态风险、无不利生物毒性效应外，其余 11 个典型潮间带沉积物中重金属均存在中低度的生态风险，具有潜在的不利生物毒性效应。使用 PEL、TEL 基准对沉积物中各重金属元素含量进行判断，就全国而言，Cu、Pb、Zn 和 Cr 部分站位平均含量和最大值均高于阈值效应水平（TEL），但均低于可能效应水平（PEL），不利生物毒性效应会偶尔发生；Cd 全部站位平均含量和最大值均低于阈值效应水平（TEL），不利生物毒性效应很少发生。

表 9.8　14 个典型潮间带表层沉积物中重金属 SQG-Q 和 PEL、TEL 基准值

海域		PEL-Q					SQG-Q
		Cu	Pb	Zn	Cd	Cr	
A1	范围	0.08 ～ 0.27	0.17 ～ 0.28	0.12 ～ 0.40	0.03 ～ 0.06	0.16 ～ 0.48	0.11 ～ 0.30
	均值	0.17	0.22	0.26	0.05	0.35	0.21
A2	范围	0.02 ～ 0.04	0.11 ～ 0.14	0.06 ～ 0.13	0.00 ～ 0.03	0.04 ～ 0.21	0.05 ～ 0.11
	均值	0.03	0.12	0.09	0.01	0.09	0.07
A3	范围	0.21 ～ 0.35	0.20 ～ 0.30	0.29 ～ 0.43	0.03 ～ 0.05	0.48 ～ 0.62	0.24 ～ 0.35
	均值	0.28	0.25	0.37	0.04	0.55	0.30
A4	范围	0.11 ～ 0.20	0.10 ～ 0.14	0.13 ～ 0.19	0.02 ～ 0.04	0.33 ～ 0.52	0.14 ～ 0.20
	均值	0.15	0.11	0.16	0.03	0.43	0.18
A5	范围	0.01 ～ 0.05	0.12 ～ 0.24	0.01 ～ 0.06	0.00 ～ 0.01	0.03 ～ 0.20	0.05 ～ 0.09
	均值	0.03	0.17	0.03	0.01	0.08	0.06
A6	范围	0.10 ～ 0.32	0.17 ～ 0.29	0.13 ～ 0.36	0.02 ～ 0.03	0.30 ～ 0.51	0.15 ～ 0.30
	均值	0.23	0.24	0.26	0.03	0.41	0.23
A7	范围	0.09 ～ 0.29	0.12 ～ 0.26	0.14 ～ 0.36	0.03 ～ 0.12	0.43 ～ 0.92	0.17 ～ 0.31
	均值	0.16	0.17	0.21	0.05	0.56	0.23
A8	范围	0.11 ～ 0.42	0.13 ～ 0.33	0.18 ～ 0.45	0.03 ～ 0.06	0.39 ～ 0.57	0.17 ～ 0.36
	均值	0.27	0.22	0.32	0.04	0.47	0.26
A9	范围	0.23 ～ 0.52	0.17 ～ 0.36	0.27 ～ 0.52	0.03 ～ 0.04	0.45 ～ 0.76	0.23 ～ 0.42
	均值	0.39	0.29	0.43	0.04	0.60	0.35
A10	范围	0.03 ～ 0.42	0.29 ～ 0.74	0.19 ～ 0.67	0.01 ～ 0.08	0.08 ～ 0.51	0.13 ～ 0.48
	均值	0.16	0.47	0.36	0.04	0.24	0.25

续表

海域		PEL-Q					SQG-Q
		Cu	Pb	Zn	Cd	Cr	
A11	范围	0.28～1.23	0.57～0.81	0.55～0.77	0.05～0.09	0.21～0.50	0.38～0.55
	均值	0.40	0.66	0.67	0.07	0.42	0.45
A12	范围	0.02～0.56	0.09～1.58	0.03～0.71	0.01～0.14	0.01～0.58	0.03～0.52
	均值	0.15	0.57	0.24	0.05	0.14	0.23
A13	范围	0.00～0.09	0.01～0.11	0.01～0.13	0.00～0.04	0.01～0.63	0.01～0.20
	均值	0.02	0.04	0.03	0.02	0.09	0.04
A14	范围	0.05～0.08	0.11～0.19	0.08～0.16	0.03～0.04	0.15～0.28	0.08～0.14
	均值	0.06	0.15	0.12	0.03	0.22	0.12
PEL		108.00	112.00	271.00	4.21	160.00	
TEL		18.70	30.20	124.00	0.68	52.30	

注：当某种污染物浓度小于阈值效应水平（TEL）时，表明负面生物效应很少发生；当某种污染物浓度大于可能效应水平（PEL）时，表明负面生物效应频繁发生；当某种污染物的浓度介于二者之间时，则为基准的灰色区域，负面生物效应会偶尔发生

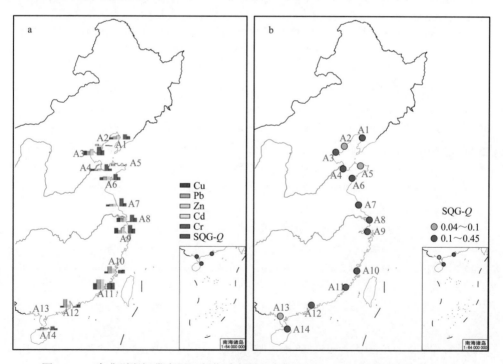

图9.3 14个典型潮间带表层沉积物重金属元素的 PEL-Q（a）和 SQG-Q（b）分布

9.2.4　地累积指数法评价

（1）枯季

枯季表层沉积物除青岛大沽河口 Hg 轻微污染外，其他区域基本无污染（图 9.4）。

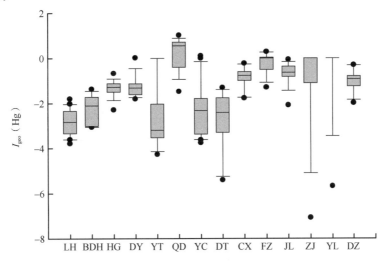

图 9.4　14 个典型潮间带枯季沉积物 Hg 的地累积指数

烟台四十里湾、上海长江口崇明东滩、浙江慈溪杭州湾南岸、福建福州闽江口、广东珠江口、广西英罗湾、海南东寨港枯季表层沉积物 As 基本无污染；辽宁大辽河口、河北北戴河、江苏苏北盐城浅滩、厦门九龙江口 As 轻度污染；天津汉沽、山东黄河口、青岛大沽河口 As 偏中度污染（图 9.5）。

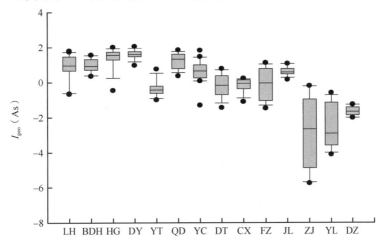

图 9.5　14 个典型潮间带枯季沉积物 As 的地累积指数

青岛大沽河口枯季沉积物中 Hg 的潜在生态危害指数（E_r^i）为 22～122，具有较高的潜在生态风险；厦门九龙江口枯季沉积物中 Hg 的潜在生态危害指数为 12～56，具有中等程度的潜在生态风险；其他区域 Hg 的潜在生态危害指数均值都小于 40，具有较轻微的潜在生态风险（图 9.6）。

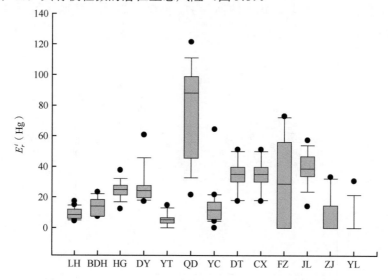

图 9.6　14 个典型潮间带枯季沉积物 Hg 的潜在生态危害指数

天津汉沽、山东黄河口枯季沉积物中 As 的潜在生态危害指数均值都略大于 40，具有中等程度的潜在生态风险；其他区域 As 的潜在生态危害指数均值都小于 40，具有较轻微的潜在生态风险（图 9.7）。

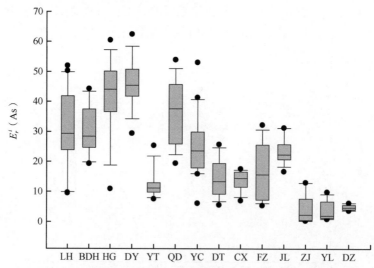

图 9.7　14 个典型潮间带枯季沉积物 As 的潜在生态危害指数

（2）洪季

除青岛大沽河口、浙江慈溪杭州湾南岸和厦门九龙江口洪季沉积物有较轻微的 Hg 污染外，其他潮间带沉积物 Hg 基本无污染（图 9.8）。

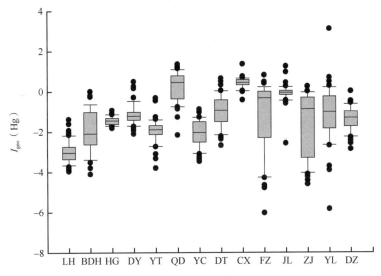

图 9.8　14 个典型潮间带洪季沉积物 Hg 的地累积指数

除福建福州闽江口和厦门九龙江口洪季沉积物有较轻微的 As 污染外，其他潮间带洪季沉积物 As 基本无污染（图 9.9）。

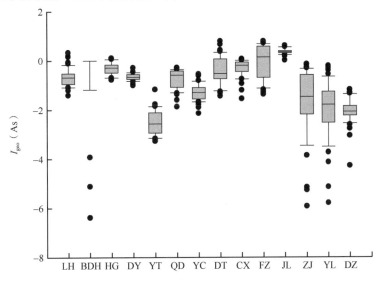

图 9.9　14 个典型潮间带洪季沉积物 As 的地累积指数

辽宁大辽河口、河北北戴河、天津汉沽、山东黄河口、烟台四十里湾、江苏苏北盐城浅滩、上海长江口崇明东滩、广东珠江口、广西英罗湾、海南东寨港洪季沉积物中 Hg 的潜在生态危害指数均值都小于 40，具有较轻微的潜在生态风险，个别站位超过 40，具有中等程度的潜在生态风险；青岛大沽河口、浙江慈溪杭州湾南岸、福建福州闽江口、厦门九龙江口洪季沉积物中 Hg 的潜在生态危害指数均值都大于 40，具有中等程度的潜在生态风险，个别站位生态风险指数介于 80～160 之间，具有较强的潜在生态风险（图 9.10）。

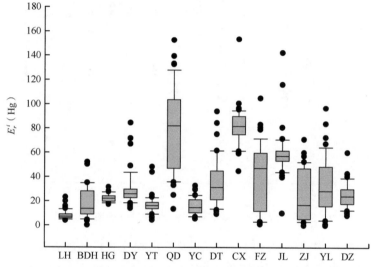

图 9.10　14 个典型潮间带洪季沉积物 Hg 的潜在生态危害指数

洪季沉积物中 As 的潜在生态危害指数均小于 40，具有较轻微的潜在生态风险（图 9.11）。

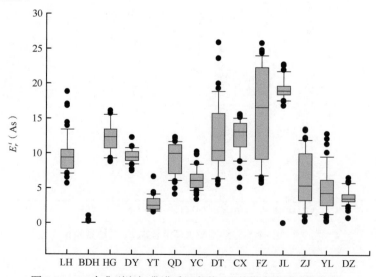

图 9.11　14 个典型潮间带洪季沉积物 As 的潜在生态危害指数

9.2.5　有机污染物污染评价

我国 14 个典型潮间带沉积物持久性有机污染物的检出浓度范围见表 9.9。参考加拿大环境部长理事会（CCME）对沉积物中有机污染物浓度的限制值，根据表 9.9 可以总结出：14 个典型潮间带中苊、蒽、芴、荧蒽、苯并 [a] 蒽、䓛共 6 种 PAHs 污染物和狄氏剂、七氯、氯丹共 3 种 OCPs 污染物的检出浓度均低于淡水及海洋环境中沉积物所含有机污染物对生物产生负效应的临界浓度（ISQG），表明上述 9 种有机污染物不会对水生生物产生负效应；DDT 和 DDD 是对水生生物产生负效应的主要污染物。

表 9.9　14 个典型潮间带沉积物持久性有机污染物检出浓度范围

有机污染物	LH	HG	BDH	DY	YT	QD	YC	DT	CX	FZ	JL	ZJ	YL	DZ
Ace	0.73 ~ 5.65	0.38 ~ 4.46	0.11 ~ 1.49	0.11 ~ 1.02	0.05 ~ 1.27	0.38 ~ 2.38	0.11 ~ 1.74	0.36 ~ 4.95	0.70 ~ 2.45	0.38 ~ 3.96	0.55 ~ 2.21	0.25 ~ 3.95	0.07 ~ 1.99	0.15 ~ 1.56
Ant	0.97 ~ 9.52	1.24 ~ 8.75	0.10 ~ 1.58	0.14 ~ 1.34	0.08 ~ 0.39	0.54 ~ 7.27	0.06 ~ 1.62	0.31 ~ 8.68	1.00 ~ 4.63	0.14 ~ 11.14	2.45 ~ 8.12	0.09 ~ 11.06	0.22 ~ 2.10	0.19 ~ 2.03
Flu	1.56 ~ 12.29	2.11 ~ 17.03	0.26 ~ 4.24	0.48 ~ 3.91	0.21 ~ 5.06	1.21 ~ 8.72	0.36 ~ 8.81	0.67 ~ 12.79	1.85 ~ 8.78	0.89 ~ 11.34	2.29 ~ 7.94	0.94 ~ 14.29	0.30 ~ 9.26	0.48 ~ 4.62
Phe	5.29 ~ 35.11	6.41 ~ 47.09	0.81 ~ 20.46	1.49 ~ 11.14	0.78 ~ 6.75	3.25 ~ 31.10	0.98 ~ 15.28	2.45 ~ 56.66	7.57 ~ 24.26	1.58 ~ 46.72	13.95 ~ 45.77	1.56 ~ 84.26	1.17 ~ 21.60	1.32 ~ 18.22
Fla	7.35 ~ 60.96	12.61 ~ 58.83	0.34 ~ 5.15	0.87 ~ 5.79	0.23 ~ 2.39	2.56 ~ 44.55	0.01 ~ 8.56	1.56 ~ 35.77	4.64 ~ 25.86	0.51 ~ 65.20	21.64 ~ 69.62	0.35 ~ 82.75	0.60 ~ 13.57	0.79 ~ 14.98
Pyr	5.66 ~ 45.11	8.94 ~ 91.12	0.18 ~ 4.82	0.47 ~ 4.63	0.13 ~ 2.23	2.66 ~ 40.56	0.17 ~ 9.66	2.54 ~ 31.34	5.39 ~ 22.09	0.31 ~ 54.23	24.37 ~ 61.09	0.21 ~ 80.91	0.39 ~ 10.58	0.69 ~ 12.30
BaA	2.39 ~ 20.15	5.00 ~ 28.22	0.08 ~ 1.44	0.17 ~ 2.74	0.06 ~ 1.03	1.21 ~ 17.15	0.08 ~ 3.13	1.11 ~ 16.96	3.16 ~ 10.99	0.10 ~ 26.73	8.35 ~ 18.97	0.07 ~ 21.11	0.14 ~ 4.45	0.27 ~ 6.88
BaP	2.46 ~ 22.97	4.64 ~ 28.88	0.00 ~ 1.27	0.14 ~ 2.61	0.00 ~ 0.90	1.49 ~ 19.95	0.04 ~ 3.02	1.21 ~ 20.28	3.27 ~ 12.79	0.06 ~ 36.75	8.26 ~ 20.34	0.03 ~ 25.63	0.00 ~ 3.35	0.18 ~ 7.01
Chr	3.87 ~ 28.97	9.30 ~ 46.67	0.13 ~ 7.70	0.46 ~ 11.13	0.04 ~ 2.02	2.12 ~ 37.86	0.19 ~ 5.57	1.84 ~ 29.11	5.53 ~ 20.04	0.20 ~ 45.01	13.44 ~ 34.61	0.11 ~ 35.45	0.10 ~ 15.36	0.53 ~ 10.97
DahA	0.55 ~ 8.02	1.21 ~ 11.54	0.00 ~ 0.51	0.00 ~ 1.74	0.00 ~ 0.84	0.75 ~ 11.22	0.00 ~ 1.36	0.42 ~ 5.87	0.74 ~ 3.36	0.00 ~ 6.67	1.52 ~ 9.20	0.00 ~ 5.24	0.00 ~ 1.33	0.07 ~ 3.00
DDT	0.25 ~ 24.96	0.22 ~ 70.06	0.00 ~ 64.86	0.00 ~ 0.61	0.01 ~ 26.32	0.37 ~ 15.87	0.00 ~ 0.86	0.01 ~ 24.66	0.01 ~ 5.94	0.02 ~ 13.66	1790.13	0.02 ~ 94.69	0.00 ~ 26.11	0.07 ~ 10.34
DDD	0.21 ~ 7.45	0.44 ~ 17.33	0.01 ~ 13.71	0.00 ~ 0.31	0.01 ~ 0.67	0.18 ~ 9.49	0.00 ~ 0.50	0.08 ~ 27.79	0.27 ~ 10.44	0.03 ~ 15.15	0.02 ~ 1966.35	0.00 ~ 5.90	0.02 ~ 2.00	0.06 ~ 14.09

续表

有机污染物	LH	HG	BDH	DY	YT	QD	YC	DT	CX	FZ	JL	ZJ	YL	DZ
DDE	0.11~8.06	0.03~4.58	0.00~1.38	0.00~0.23	0.00~0.11	0.01~3.14	0.00~0.31	0.16~2.61	0.28~0.89	0.00~4.81	0.01~383.60	0.00~1.54	0.00~0.83	0.00~4.80
HCH	0.06~1.39	0.11~0.71	0.00~0.41	0.01~0.42	0.01~0.40	0.05~0.85	0.00~0.41	0.05~0.95	0.07~0.82	0.01~2.45	0.00~5.05	0.01~1.00	0.01~0.40	0.01~0.41
Die	0.00~0.02	0.00~0.01	0.00~0.02	0.00~0.12	0.00~0.06	0.00~0.11	0.00~0.08	0.00	0.00~0.02	0.00	0.00	0.00~0.01	0.00~0.10	0.00~0.01
End	0.00~0.36	0.00~0.46	0.00~0.56	0.00~0.34	0.00~11.15	0.00~0.37	0.00~0.35	0.00~0.38	0.00~0.43	0.00~0.40	0.00~0.62	0.00~0.42	0.00~0.35	0.00~0.78
Hep	0.00~0.17	0.00~0.18	0.00~0.18	0.00~0.19	0.00~0.16	0.00~0.19	0.00~0.17	0.00~0.22	0.00~0.19	0.00~0.18	0.00~0.18	0.00~0.18	0.00~0.19	0.00~0.17
Chl	0.00~0.25	0.00~0.33	0.00~0.37	0.00~0.76	0.00~0.24	0.00~0.44	0.00~0.32	0.00~0.79	0.00~0.79	0.00~0.29	0.00~0.36	0.00~0.36	0.00~0.34	0.00~0.27

14 个分区的具体评价结果如下。

1）辽宁大辽河口沉积物中二苯并 [a,h] 蒽和 DDD 的浓度高于对生物产生负效应的临界浓度（ISQG），低于必然产生负效应的浓度 PEL，表明可能会对水生生物产生负效应；DDT、DDE 和 HCH 的浓度高于必然产生负效应的浓度 PEL，说明其必然会对该处潮间带中水生生物产生负效应。

2）河北北戴河沉积物中 HCH 的浓度高于 $ISQG_m$ 而低于 $ISQG_f$，表明存在对水生生物产生负效应的可能；DDT 和 DDD 的浓度高于必然产生负效应的浓度 PEL。

3）天津汉沽沉积物中菲和芘的浓度高于 $ISQG_f$ 而低于 $ISQG_m$，HCH 的浓度高于 $ISQG_m$ 而低于 $ISQG_f$，表明存在对水生生物产生负效应的可能；二苯并 [a,h] 蒽和 DDE 的浓度高于对生物产生负效应的临界浓度 ISQG，低于必然产生负效应的浓度 PEL，表明可能会对水生生物产生负效应；DDT 和 DDD 的浓度高于必然产生负效应的浓度 PEL，说明其必然会对该处潮间带中水生生物产生负效应。

4）山东黄河口沉积物中 HCH 的浓度高于 $ISQG_m$ 而低于 $ISQG_f$，其他污染物的浓度均低于 ISQG，表明山东黄河口整体污染较轻，基本不会对水生生物产生负效应。

5）烟台四十里湾沉积物中 HCH 的浓度高于 $ISQG_m$ 而低于 $ISQG_f$，异狄氏剂的浓度高于 ISQG 而低于 PEL，DDT 的浓度高于必然产生负效应的浓度 PEL。

6）青岛大沽河口沉积物中 HCH 的浓度高于 $ISQG_m$ 而低于 $ISQG_f$，二苯并 [a,h] 蒽和 DDE 的浓度高于对生物产生负效应的临界浓度 ISQG 而低于必然产生负效应的浓度 PEL，DDT 和 DDD 的浓度也高于必然产生负效应的浓度 PEL。

7）江苏苏北盐城浅滩与山东黄河口相同，沉积物中 HCH 的浓度高于 $ISQG_m$ 而低于 $ISQG_f$，其他污染物的浓度均低于 ISQG。

8）上海长江口崇明东滩沉积物中菲的浓度高于 $ISQG_f$ 而低于 $ISQG_m$，DDE 和 HCH 的浓度高于 ISQG 而低于 PEL，DDT 和 DDD 的浓度高于 PEL。

9）浙江慈溪杭州湾南岸沉积物中 HCH 的浓度高于 $ISQG_m$ 而低于 $ISQG_f$，DDT 和 DDD 的浓度高于 PEL。

10）福建福州闽江口沉积物中菲、芘和苯并 [a] 芘的浓度高于 $ISQG_f$ 而低于 $ISQG_m$，二苯并 [a,h] 蒽和 DDE 的浓度高于 ISQG 而低于 PEL，DDT、DDD 和 HCH 的浓度高于 PEL。

11）厦门九龙江口沉积物中菲和芘的浓度高于 $ISQG_f$ 而低于 $ISQG_m$，二苯并 [a,h] 蒽的浓度高于 ISQG 而低于 PEL，DDT、DDD、DDE 和 HCH 的浓度高于 PEL。

12）广东珠江口沉积物中菲、芘和 DDE 的浓度高于 $ISQG_f$ 而低于 $ISQG_m$，DDD 的浓度高于 ISQG 而低于 PEL，DDT 的浓度高于 PEL，而 HCH 的浓度低于 PEL。

13）广西英罗湾沉积物中 DDD 和 HCH 的浓度高于 $ISQG_m$ 而低于 $ISQG_f$，DDT 的浓度高于 PEL。

14）海南东寨港沉积物中 HCH 的浓度高于 $ISQG_m$ 而低于 $ISQG_f$，DDE 的浓度高于 ISQG 而低于 PEL，DDT 和 DDD 的浓度高于 PEL。

9.3　小结

本章对我国 14 个典型潮间带表层沉积物中的重金属和有机污染物开展了综合评价，结果如下。

1）采用尼梅罗综合指数法对表层沉积物中的 Cu、Pb、Zn、Cd、Cr 元素进行评价发现，29.0% 的站位 $P < 0.5$（清洁），主要位于河北北戴河、烟台四十里湾、广西英罗湾和海南东寨港；49.3% 的站位 $0.5 \leqslant P < 1.0$（较清洁），主要分布在辽宁大辽河口、天津汉沽、山东黄河口、江苏苏北盐城浅滩、上海长江口崇明东滩、福建福州闽江口和广东珠江口；21.2% 的站位 $1.0 \leqslant P < 2.5$（轻污染），主要分布在浙江慈溪杭州湾南岸和厦门九龙江口；0.5% 的站位 $2.5 \leqslant P < 7.0$（中污染），此污染站位位于厦门九龙江口；无重污染站位出现。

2）重金属元素 Cu、Pb、Zn、Cd、Cr 的富集因子按均值大小排序为 Cd（1.23，$0.05 \sim 15.89$）＞ Pb（0.63，$0.28 \sim 5.24$）＞ Cr（0.58，$0.03 \sim 5.18$）＞ Zn（0.52，$0.02 \sim 1.40$）＞ Cu（0.44，$0.05 \sim 2.40$），表明研究区重金属的污染程度并不十分严重，个别站位出现不同程度的污染。

3）采用沉积物质量基准商（SQG-Q）评价全国 14 个典型潮间带沉积物中重金属的生态风险，发现各站位 SQG-Q 值为 0.01～0.55，除河北北戴河、烟台四十里湾、广西英罗湾沉积物中重金属无生态风险、无不利生物毒性效应外，其余 11 个典型潮间带沉积物中重金属均存在中低度的生态风险，具有潜在的不利生物毒性效应。使用 PEL、TEL 基准对沉积物中各重金属元素含量进行判断，发现 Cu、Pb、Zn 和 Cr 部分站位平均含量和最大值均高于阈值效应水平（TEL），但均低于可能效应水平（PEL），不利生物毒性效应会偶尔发生；Cd 全部站位平均含量和最大值均低于阈值效应水平（TEL），不利生物毒性效应很少发生。

4）采用地累积指数法评价发现，枯季除青岛大沽河口 Hg 轻微污染外，其他区域基本无 Hg 污染。枯季烟台四十里湾、上海长江口崇明东滩、浙江慈溪杭州湾南岸、福建福州闽江口、广东珠江口、广西英罗湾、海南东寨港 As 基本无污染；辽宁大辽河口、河北北戴河、江苏苏北盐城浅滩、厦门九龙江口 As 轻度污染；天津汉沽、山东黄河口、青岛大沽河口 As 偏中度污染。洪季除青岛大沽河口、浙江慈溪杭州湾南岸和厦门九龙江口沉积物有较轻微的 Hg 污染外，其他潮间带沉积物 Hg 基本无污染。洪季除福建福州闽江口和厦门九龙江口有较轻微的 As 污染外，其他潮间带沉积物 As 基本无污染。

5）对沉积物中的有机污染物采用加拿大沉积物质量标准（CCME，1995）评价后发现，14 个典型潮间带中苊、蒽、芴、荧蒽、苯并 [a] 蒽、䓛共 6 种 PAHs 污染物和狄氏剂、七氯、氯丹共 3 种 OCPs 污染物的检出浓度均低于淡水及海洋环境中沉积物所含有机污染物对生物产生负效应的临界浓度 ISQG，表明上述 9 种有机污染物不会对水生生物产生负效应；DDT 和 DDD 是对水生生物产生负效应的主要污染物。

第 10 章

结论与建议

10.1 结论

本次调查在对我国 14 个典型潮间带表层沉积物的粒度、pH、Eh、硫化物、常量元素和微量元素、重金属元素、总有机碳、总氮、总磷、有机污染物等含量分析测定的基础上，结合数理统计方法对我国 14 个典型潮间带的沉积物空间分布、洪枯季节差异等特征开展研究，并采用多种评价方法对重金属和有机污染物进行综合评价，进而获取更为客观准确的沉积物环境质量状况，主要结论如下。

1）粒度：取样站位粒度组分和中值粒径受到河流入海泥沙的影响，如福建沿海潮滩（福建福州闽江口潮间带、厦门九龙江口潮间带）砂质组分含量最高（60% ~ 90%）。其余潮滩粒度组分中等，以砂和粉砂为主，其中粉砂质组分含量最高。河北北戴河潮间带和烟台四十里湾潮间带等的沉积物类型以细砂、中细砂为主，呈微侵蚀状态。以上海长江口崇明东滩潮间带至浙江慈溪杭州湾南岸潮间带为界，我国典型潮间带表层沉积物颗粒由北向南经历了"粗—细—粗"的一个变化过程。外部环境的扰动程度在浙江慈溪杭州湾南岸潮间带以北的变化趋势是由小变大，在浙江慈溪杭州湾南岸潮间带向南的调查区域外部扰动程度变化不大。

2）矿物：我国典型潮间带表层沉积物黏土矿物主要有伊利石、蒙脱石、高岭石和绿泥石 4 种，以浙江慈溪杭州湾南岸为界，浙江慈溪杭州湾南岸及其以北地区黏土矿物中伊利石总体含量占绝对优势，大致北高南低；其次是绿泥石，呈现北低南高的趋势；高岭石再次之，分布规律同绿泥石一致；蒙脱石含量最低，平均含量为 5%。黏土矿物组合分布类型显示了河流及其上游气候环境对物质来源的控制作用。河北北戴河和烟台四十里湾沉积物碎屑矿物组成包括重矿物 24 种，以绿帘石和普通角闪石为主要矿物；还包括轻矿物 8 种，以石英和长石为主要矿物。

3）pH、Eh、硫化物：①洪季 pH（2.59 ~ 11.08，7.47±1.08，n=580）和枯季 pH（6.06 ~ 9.19，7.34±0.50，n=219）均多呈弱碱性，洪季 pH 略高。②洪季 Eh [（−381 ~ 281）mV，（−68.50±110.61）mV，n=580] 明显低于枯季 Eh [−381 ~ 578 mV，（55.59±205.79）mV，n=219]。③洪季硫化物含量 [0 ~ 177.75 mg/kg，（1.01±8.11）mg/kg，n=606] 明显低于枯季 [0 ~ 703.96 mg/kg，（17.23±59.83）mg/kg，n=215]。

4）常量元素：按主要常量元素氧化物均值含量排序为 SiO_2 > Al_2O_3 > TFe_2O_3 > K_2O > CaO > Na_2O > MgO > TiO_2 > P_2O_5 > MnO。SiO_2 的含量最高，占沉积物组成的一半以上，多以石英砂的形态存在；其次是 Al_2O_3 和 TFe_2O_3，主要赋存于硅铝酸盐和铁锰氧化物中；再次是 K_2O、CaO、Na_2O 和 MgO，Ca 和 Mg 主

要赋存于无机/有机成因的碳酸盐岩中，K 主要赋存于黏土矿物、碎屑长石、白云母和海绿石中，Na 常赋存于钠长石等碎屑长石矿物中；TiO_2、P_2O_5 和 MnO 的含量较低，均值小于 1%。不同常量元素在空间分布上存在显著性差异，有如下分布特征。①区域南北常量元素差异性：SiO_2 含量以福建福州闽江口为界，南部区域明显大于北部区域；Al_2O_3、TFe_2O_3 含量在各区域内相对均衡，适合作为背景参比元素；CaO、K_2O、Na_2O 含量无统一变化规律，具有明显区域性；K_2O、TiO_2、MgO 和 P_2O_5 的含量在浙江慈溪杭州湾南岸（CX）以北各区域相当，以南各区域含量变化差异较大。②洪、枯两季常量元素差异性：同种元素洪季含量范围变化较大，而枯季含量相对集中。其中，Al_2O_3、CaO、K_2O、MgO、Na_2O枯季含量略高于洪季含量，SiO_2、TFe_2O_3 洪季含量略高于枯季含量，而 MnO、P_2O_5、TiO_2 含量保持不变。③垂岸向常量元素分布特征：除了烟台四十里湾、青岛大沽河、广东珠江口、海南东寨港，其他潮间带 Al_2O_3、K_2O、TFe_2O_3、MgO、CaO 等氧化物含量均呈由岸向海递减趋势，空间分布和 Mz 的空间分布相似。

5）微量元素：按主要微量元素均值含量排序为 Ba > Zr > Sr > V > Li > Ni > Th > Co > Sc > U，洪、枯季节除 Co 外，其余元素含量差异不大。我国典型潮间带表层沉积物中微量元素 Ba、Zr 和 Sr 的含量较高，均值含量超过 100 mg/kg，其中 Ba 洪季、枯季均值±偏差分别高达（488.32±297.83）mg/kg（$n=621$）和（481.02±287.16）mg/kg（$n=218$）；V、Li、Ni、Th、Co 的均值含量为 10 ～ 100 mg/kg；Sc、U 的均值含量较低，小于 10 mg/kg。受流域风化和人类活动等因素干预，不同微量元素在空间分布上存在显著性差异：① Ba 含量以福建福州闽江口（FZ）为界，Sr 含量以江苏苏北盐城浅滩（YC）为界，界线以北各区域含量明显大于界线以南各区域；② Zr、Li、Co、Sc、V、Ni 等元素含量在各区域间分布较均衡，未呈现明显的地域分布规律；③ Th 含量在福建福州闽江口（FZ）、厦门九龙江口（JL）和广东珠江口（ZJ）较高且数据较为离散，南北两侧含量较低。

6）稀土元素（REE）：长江以北的潮间带沉积物 REE 含量（202.69 mg/kg）和 LREE/HREE（9.72）均高于长江以南（175.92 mg/kg 和 8.69），即长江以北的潮间带沉积物具有高稀土元素含量和轻稀土元素富集特征；这与我国"北轻南重"的稀土元素矿化分布特点吻合，即北方以轻稀土元素富集为主，南方以重稀土元素富集为主。

7）碳酸钙（$CaCO_3$）：洪季 $CaCO_3$ 含量 [0 ～ 28.07%，（4.11±3.90）%，$n=621$] 与枯季 [0.01% ～ 24.85%，（4.16±4.07）%，$n=216$] 相当，差异不显著。但区域分布差异显著，高值区位于天津汉沽、山东黄河口及江苏苏北盐城浅滩、上海长江口崇明东滩、浙江慈溪杭州湾南岸两大区域；其他区域含量较低，其中河北北戴河、烟台四十里湾、广西英罗湾含量最低。除烟台四十里湾、厦门九龙江口和广东珠江口外，其他潮间带 $CaCO_3$ 含量均呈现由岸向海递减趋势。

8）总有机碳、总氮、总磷：我国潮间带的总有机碳含量较低，与潮间带沉积物来源、植被、岸线的人工化和气候等因素有关。北部潮间带物质来源为大量的河流输送颗粒物，且颗粒物的无机碳含量高，有机质较少，加上近 10 年的快速沉积，导致植被和海洋生物对其影响较小，从而形成了碳、氮含量较低的局面。磷的含量与成土母质有关，这在北部潮间带尤其明显。而南部受气候因素影响沉积物分化剧烈，如红树林地带的潮滩盐土受沉积物酸性环境、高温和潮流的影响，磷的含量较低。总磷的绝对含量基本上变动不大，与其主要为固态沉积物而非碳、氮有机态化合物参与循环转化有关。

9）Cu、Pb、Zn、Cd、Cr：不同海区潮间带元素 Cu、Zn、Cd、Cr 含量具有相似的空间变化趋势，即高值区位于东海，次高值在渤海，低值区在黄海和南海。Pb 含量高值区位于东海，次高值在南海，低值区在渤海和黄海。我国典型海湾潮间带浙江慈溪杭州湾表层沉积物中重金属含量最高，广西英罗湾重金属含量最低。Cu、Zn、Cd 重金属含量两两之间均呈现极显著正相关关系，除 Pb 和 Cd 外，其余元素在四类沉积物中含量总体表现为黏土＞粉砂质黏土＞粉砂质砂＞砂。采用尼梅罗综合指数法、富集因子、沉积物质量基准商进行污染评估后发现，厦门九龙江口为中度污染，浙江慈溪杭州湾南岸和厦门九龙江口中度污染，其余清洁或较清洁；14 个典型潮间带 Cd 为中等富集。

10）Hg、As：枯季 Hg 含量（0～0.15 mg/kg，均值 0.03 mg/kg）小于第一类海洋沉积物质量标准和 TEL；洪季 Hg 含量（0～0.32 mg/kg，均值 0.05 mg/kg）小于第一类海洋沉积物质量标准和 TEL，枯季和洪季 Hg 含量相差不大。枯季 As（0.64～90.68 mg/kg，均值 22.28 mg/kg）大于第一类海洋沉积物质量标准；洪季 As（0～30.88 mg/kg，均值 8.50 mg/kg）小于第一类海洋沉积物质量标准。枯季和洪季 As 的含量均在 TEL 和 PEL 之间，沉积物中的 As 可能会对研究区域周围环境产生负面生物效应。采用地累积指数法评价发现：枯季，除青岛大沽河口 Hg 轻微污染外，其他区域基本无 Hg 污染；辽宁大辽河口、河北北戴河、江苏苏北盐城浅滩、厦门九龙江口 As 轻度污染，天津汉沽、山东黄河口、青岛大沽河口 As 偏中度污染，其余基本无 As 污染。洪季，除青岛大沽河口、浙江慈溪杭州湾南岸和厦门九龙江口有较轻微的 Hg 污染外，其他区域 Hg 基本无污染；除福建福州闽江口和厦门九龙江口有较轻微的 As 污染外，其余区域 As 基本无污染。

Hg 和 As 枯季、洪季空间分布特征：①典型潮间带表层沉积物中 Hg 的含量从江苏苏北盐城浅滩以北（除了辽宁大辽河口），枯季和洪季相差不大；上海长江口崇明东滩以南到海南东寨港，Hg 的含量洪季大于枯季。②典型潮间带表层沉积物中 As 的含量从江苏苏北盐城浅滩以北到辽宁大辽河口，枯季大于洪季；上海长江口崇明东滩以南到海南东寨港，As 的含量枯季和洪季相差不大。

11）有机污染物：厦门九龙江口、辽宁大辽河口、广东珠江口、青岛大沽河口、天津汉沽、上海长江口崇明东滩、浙江慈溪杭州湾南岸、福建福州闽江口 PAHs 浓度较高，PAHs 的来源以燃烧源特别是草、木材或煤的燃烧为主；对于江苏苏北盐城浅滩、广东珠江口、山东黄河口、广西英罗湾和海南东寨港，PAHs 来自未燃烧和燃烧的混合源，以燃烧源为主。厦门九龙江口、天津汉沽、青岛大沽河口、广东珠江口 OCPs 浓度较高，DDTs 和 HCHs 为 OCPs 的主要来源，环境中检出多为历史使用 OCPs 的残留，但部分地区仍有新的 DDTs 类和林丹类农药的使用和输入；氯丹、七氯、艾氏剂及异狄氏剂因在我国的生产量或使用量较低，所以环境检出浓度处于较低水平。山东黄河口、厦门九龙江口和青岛大沽河口 PBDEs 浓度显著高于其他潮间带，高溴代联苯醚 BDE-209 为 PBDEs 的主要来源，低溴代 BDEs 多由高溴代 BDEs 降解而来。除山东黄河口和江苏苏北盐城浅滩两处潮间带外，DDT 及其降解产物 DDD 必然会对其他 12 个潮间带的水生生物产生负效应。对沉积物中的有机污染物采用加拿大沉积物质量标准（CCME，1995）评价后发现，14 个典型潮间带中苊、蒽、芴、荧蒽、苯并 [a] 蒽、菌共 6 种 PAHs 污染物和狄氏剂、七氯、氯丹共 3 种 OCPs 污染物的检出浓度均低于淡水及海洋环境中沉积物所含有机污染物对生物产生负效应的临界浓度 ISQG，表明上述 9 种有机污染物不会对水生生物产生负效应；DDT 和 DDD 是对水生生物产生负效应的主要污染物。

12）沉积物物源分区：Q 型聚类分析和判别函数（DF）针对我国典型潮间带沉积物物源分区结果稍有不同，通过地球化学元素 R 型因子分析后对比各个潮间带主控因子特征发现，基于 Eu/Sm 的判别函数（DF）更适合判别我国典型潮间带物源分区。基于 Eu/Sm 的判别函数（DF），将我国典型潮间带表层沉积物物源共划分为 5 个分区：①黄河物源区 [青岛大沽河口（QD）、山东黄河口（DY）、天津汉沽（HG）、辽宁大辽河口（LH）]；②黄河-长江物源混合过渡区 [江苏苏北盐城浅滩（YC）]；③长江物源区 [上海长江口崇明东滩（DT）和浙江慈溪杭州湾南岸（CX）]；④长江-珠江物源混合过渡区 [福建福州闽江口（FZ）]；⑤珠江物源区 [厦门九龙江口（JL）、广东珠江口（ZJ）、广西英罗湾（YL）、海南东寨港（DZ）]。

基于上述认识和结论，完成了我国 14 个典型潮间带表层沉积物中诸多环境要素的含量和分布特征研究，进而对其质量现状进行了综合评价，为维护潮间带区域的生态安全和环境安全提供基础数据支撑。

10.2 建议

研究发现，Cd、As、DDT 和 DDD 是目前我国潮间带表层沉积物中存在的几种主要污染物，尤其发生在河口区。为了潮间带沉积物环境的保护和可持续利用，提出如下几条建议。

（1）明确管理职责

自然资源部组建之前，一些潮间带区域存在国土和海洋部门交叉管理的现象，以至存在行政执法力量分散、多头执法和推诿扯皮问题。首先要明确管理职责，责任到人；强化执法监督，建立考核问责机制。

（2）加强陆海统筹

陆域污水和养殖废水排放是当下潮间带沉积物中污染物的主要来源。在陆海统筹框架下，强化污染源头控制；有效控制污染物入河量和入海量，强化海洋环境调查监测和监督考核。重点监控工业排污，做到废水和废渣中有害物质的回收、处理。加快滨海地区城镇污水处理设施建设与改造。强化农业面源污染治理，严控水产养殖面积和投饵数量，推进生态养殖。采取综合治理措施，推进污染物总量控制。

（3）强化调查监测

开展沿海各地潮间带沉积物环境本底调查，掌握沉积物环境质量本底、入海污染状况、海洋生态环境状况等内容，全面掌握管辖区域内沉积物中主要污染物质分布、污染程度及变化趋势状况。结合入海河流等常规化断面和定点排污源监测，查清污染物来源，进而探索符合地方管辖潮间带特点和管理需求的沉积物质量目标和评价体系。

（4）健全应急体系

强化事前防范，建立海洋环境灾害及重大突发事件风险评估体系，针对石油炼化、油气储运、工业厂区、核电站等，开展海洋环境风险源排查和综合性风险评估。坚持健全体系和提升能力并重，构建海洋生态灾害和环境灾害突发事件应急体系，建立健全分类管理、分级负责、条块结合、属地为主的应急管理机制，加强海洋生态灾害和环境灾害突发事件应急响应能力建设。

参 考 文 献

蔡龙炎. 2010. 基于主成分分析法的泉州湾表层沉积物中重金属污染可能来源分析. 台湾海峡, 29(3): 325-331.

蔡如星, 陈永寿, 王复振. 1983. 浙江南部沿岸 (岩相) 潮间带生态初步研究. 海洋通报, 2(1): 51-60.

曹玲珑, 王平, 田海涛, 等. 2013. 海南东寨港重金属在多种环境介质中污染状况及评价. 海洋通报, 32(4): 403-407.

柴小平, 胡宝兰, 魏娜, 等. 2015. 杭州湾及邻近海域表层沉积物重金属的分布、来源及评价. 环境科学学报, 35(12): 3906-3916.

陈立奇, 高鹏飞, 杨绪林. 1993a. 环球海洋大气气溶胶化学研究: Ⅱ. 来源示踪元素的特征. 海洋与湖沼, 24(3): 264-271.

陈立奇, 高鹏飞, 张远辉, 等. 1993b. 厦门海域大气气溶胶特征. 海洋学报: 中文版, 15(2): 25-32.

陈品健. 1989. 福建闽江口以北沿岸潮间带生态学研究 Ⅰ: 生物量及其分布. 厦门水产学院学报, (2): 16-25.

丁喜桂, 叶思源, 高宗军. 2005. 近海沉积物重金属污染评价方法. 海洋地质前沿, 21(8): 31-36.

杜德文, 石学法, 孟宪伟, 等. 2003. 黄海沉积物地球化学的粒度效应. 海洋科学进展, 21(1): 78-82.

范德江, 杨作升, 孙效功, 等. 2002. 东海陆架北部长江、黄河沉积物影响范围的定量估算. 中国海洋大学学报 (自然科学版), 32(5): 748-756.

冯士筰, 李凤岐, 李少菁. 1996. 海洋科学导论. 北京: 高等教育出版社.

甘华阳, 梁开, 郑志昌. 2010. 珠江口沉积物的重金属背景值及污染评价分区. 地球与环境, 38(3): 344-350.

高爱国, 陈志华, 刘焱光, 等. 2003. 楚科奇海表层沉积物的稀土元素地球化学特征. 中国科学: 地球科学, 33(2): 148-154.

高爱国, 韩国忠, 刘峰, 等. 2004. 楚科奇海及其邻近海域表层沉积物的元素地球化学特征. 海洋学报, 26(2): 132-139.

高志友. 2005. 南海表层沉积物地球化学特征及物源指示. 成都理工大学博士学位论文.

广东省海岸带和海涂资源综合调查大队. 1988. 广东省海岸带和海涂资源综合调查报告. 北京: 海洋出版社.

郭志刚, 杨作升, 林田, 等. 2006. 东海泥质区单体正构烷烃的碳同位素组成及物源分析. 第四纪研究, 26(3): 384-390.

郭志刚, 杨作升, 曲艳慧, 等. 2000. 东海陆架泥质区沉积地球化学比较研究. 沉积学报, 18(2): 284-289.

国家海洋局. 2002. 海洋沉积物质量 (GB 18668—2002).

国家海洋局. 2007. 海洋监测规范 第 5 部分: 沉积物分析 (GB 17378.5—2007). 北京: 中国标准出版社.

韩卓汝, 赵志忠, 袁建平, 等. 2013. 海南岛北部红树林湿地表层沉积物重金属元素分布相关特征及其污染源分析. 海南师范大学学报 (自然科学版), 26(1): 66-70.

韩宗珠, 李敏, 李安龙, 等. 2010. 青岛田横岛北岸海滩沉积物稀土元素特征及物源判别. 海洋湖沼通报, (3): 131-136.

郝静, 李淑媛, 周永芝, 等. 1989. 渤海辽东湾沉积物中 Cu、Pb、Zn、Cd 环境背景值初步研究. 海洋学报, 11(6): 742-748.

何海星, 于瑞莲, 胡恭任, 等. 2014. 厦门西港近岸沉积物重金属污染历史及源解析. 中国环境科学, 34(4): 1045-1051.

何书锋. 2012. 胶州湾沉积物重金属元素地球化学特征及其环境记录. 中国海洋大学硕士学位论文.

侯立军, 陆健健, 刘敏, 等. 2006. 长江口沙洲表层沉积物磷的赋存形态及生物有效性. 环境科学学报, 26(3): 488-494.

胡宁静, 刘季花, 张辉, 等. 2015. 黄河口及毗邻海域沉积物铅的来源: 铅同位素证据. 地质学报, 89(B10): 139-141.

胡宁静, 石学法, 黄朋, 等. 2010. 渤海辽东湾表层沉积物中金属元素分布特征. 中国环境科学, 30(3): 380-388.

黄楚光, 王建华, 曹玲珑, 等. 2014. 珠江口外内陆架表层沉积物重金属元素形态特征、控制因素及生态风险分析. 海洋湖沼通报, (3): 175-185.

黄薇文, 张经, 刘敏光. 1985. 黄河口底质中重金属的存在形式. 山东海洋学院学报, 15(1): 137-145.

黄小平. 1995. 源解析受体模型在伶仃洋沉积物重金属污染研究中的应用. 热带海洋, 14(1): 1-5.

贾国东, 彭平安, 傅家谟. 2002. 珠江口近百年来富营养化加剧的沉积记录. 第四纪研究, 22(2): 158-165.

蒋富清, 李安春, 李铁刚. 2002. 冲绳海槽南部柱状沉积物地球化学特征及其古环境意义. 海洋地质与第四纪地质, 22(3): 11-17.

金秉福, 林振宏, 季福武. 2003. 海洋沉积环境和物源的元素地球化学记录释读. 海洋科学进展, 21(1): 99-106.

蓝先洪. 1995. 黄河、长江和珠江三角洲近代沉积物的沉积化学特征. 台湾海峡, 14(1): 44-50.

蓝先洪, 申顺喜. 2002. 南黄海中部沉积岩心的稀土元素地球化学特征. 海洋通报, 21(5): 46-53.

蓝先洪, 王红霞, 张志珣, 等. 2006a. 南黄海表层沉积物稀土元素分布与物源关系. 中国稀土学报, 24(6): 745-749.

蓝先洪, 张志珣, 李日辉, 等. 2006b. 南黄海表层沉积物微量元素地球化学特征. 海洋地质与第四纪地质, 26(3): 45-51.

李波, 孙桂华, 钟和贤, 等. 2017. 福建近岸海域表层沉积物稀土元素地球化学特征及其物源指示意义. 海洋地质前沿, 33(8): 47-56.

李超. 2008. 四国海盆岩芯沉积物元素地球化学特征及物源初步研究. 中国海洋大学硕士学位论文.

李凤业, 宋金明, 李学刚, 等. 2003. 胶州湾现代沉积速率和沉积通量研究. 海洋地质与第四纪地质, 23: 29-33.

李家彪. 2012. 中国区域海洋学: 海洋地质学. 北京: 海洋出版社.

李景瑞, 刘升发, 冯秀丽, 等. 2016. 孟加拉湾中部表层沉积物稀土元素特征及其物源指示意义. 海洋地质与第四纪地质, 4: 41-50.

李鹏山, 谢跟踪, 李巧香, 等. 2010. 年东寨港红树林国家级自然保护区海水水质状况分析与评价. 海洋湖沼通报, 2: 53-60.

李淑媛, 苗丰民, 刘国贤. 1994. 北黄海沉积物中重金属分布及环境背景值. 黄渤海海洋, 12(3): 20-24.

李文庆. 2015. 辽河口陆源污染物的输运、存留和分配特征研究. 中国海洋大学硕士学位论文.

李湘凌, 周涛发, 殷汉琴, 等. 2010. 基于层次聚类法和主成分分析法的铜陵市大气降尘污染元素来源解析研究. 地质论评, 56(2): 283-288.

李晓明, 周密. 2016. 武汉东湖沉积物重金属分布特征及其污染评价. 环境科学与技术, 39(10): 161-169.

李学刚, 宋金明, 李宁, 等. 2005. 胶州湾沉积物中氮与磷的来源及其生物地球化学特征. 海洋与湖沼, 36(6): 562-571.

李延, 朱校斌, 胡兆彬. 1982. 渤海湾底质间隙水的地球化学特征及其污染状况. 海洋与湖沼, 13(5): 414-423.

林彩, 林辉, 陈金民, 等. 2011. 九龙江河口沉积物重金属污染评价. 海洋科学, 35(8): 11-17.

林承奇, 于瑞莲, 胡恭任, 等. 2014. 九龙江河口潮间带表层沉积物汞污染分布、赋存形态与生态风险. 生态毒理学报, 9(5): 901-907.

林钟扬, 倪建宇, 时连强, 等. 2011. 海南小海表层沉积环境及重金属污染综合评价. 海洋学研究, 29(2): 12-23.

刘彬昌, 卢中发. 1992. 渤海沉积物地球化学分区的模糊分析. 海洋与湖沼, 23(5): 561-565.

刘彬昌, 吕成功, 周希林, 等. 1990. 现代滦河口沉积化学特征. 海洋通报, 9(3): 75-83.

刘成, 何耘, 王兆印. 2005. 黄河口的水质、底质污染及其变化. 中国环境监测, 21(3): 58-61.

刘成, 王兆印, 何耘, 等. 2003. 环渤海湾诸河口底质现状的调查研究. 环境科学学报, 23(1): 58-63.

刘大为, 胡克, 赵雪, 等. 2017. 近30年辽河口盖州滩沉积环境研究. 海洋学报, 39(7): 131-142.

刘宏伟, 杜东, 马震, 等. 2015. 北戴河近岸海域表层沉积物重金属分布特征及污染评价. 海洋地质前沿, 31(7): 47-51.

刘季花. 1998. 海洋环境中 Nd 的同位素组成及其地质意义. 海洋地质与第四纪地质, 4: 35-42.

刘季花, 张丽洁, 梁宏峰. 1994. 太平洋东部 CC48 孔沉积物稀土元素地球化学研究. 海洋与湖沼, 1: 15-25.

刘金铃, 徐向荣, 丁振华, 等. 2013. 海南珊瑚礁区鱼体中重金属污染特征及生态风险评价. 海洋环境科学, 32(2): 262-266.

刘金庆, 张勇, 印萍, 等. 2016. 青岛近岸海域表层沉积物重矿物分布及物源. 海洋地质与第四纪地质, 1: 69-78.

刘俐, 熊代群, 高新华, 等. 2006. 海河及邻近海域表层沉积物重金属污染及其分布特征. 海洋环境科学, 25(2): 40-44.

刘美龄, 叶勇, 曹长青, 等. 2008. 海南东寨港红树林土壤粒径分布的分形特征及其影响因素. 生态学杂志, 27(9): 1557-1561.

刘明, 范德江. 2009. 长江、黄河入海沉积物中元素组成的对比. 海洋科学进展, 27(1): 42-50.

刘明, 范德江. 2010. 近60年来长江水下三角洲沉积地球化学记录及其对人类活动的响应. 科学通报, 55(36): 3506-3515.

刘升发, 石学法, 刘焱光, 等. 2010. 东海内陆架泥质区表层沉积物常量元素地球化学及其地质意义. 海洋科学进展, 28: 80-86.

刘义峰, 吴桑云, 陈勇, 等. 2010. 胶州湾潮间带沉积物主要污染来源及分布特征. 海洋科学进展, 28(2): 163-169.

刘英俊, 李兆麟, 吴启志, 等. 1985. 中国东部若干玄武岩矿物中包裹体研究. 地球化学, 3: 216-226.

刘用清. 1995. 福建省海岸带土壤环境背景值研究及其应用. 海洋环境科学, 14(2): 68-73.

刘兆庆, 徐方建, 田旭, 等. 2017. 胶州湾潮间带表层沉积物重金属污染评价. 中国环境科学, 37(6): 2239-2247.

刘振夏, 李培英, 李铁刚, 等. 2000. 冲绳海槽 5 万年以来的古气候事件. 科学通报, 45: 1776-1781.

柳浩然, 雷怀彦, 王蒙光, 等. 2009. 九龙江河口湾表层沉积物中重金属分布及其潜在生态风险. 厦门大学学报 (自然科学版), 48: 456-460.

陆志强, 郑文教, 马丽. 2007. 九龙江口及邻近港湾红树林区沉积物中多环芳烃污染现状及评价. 台湾海峡, 26(3): 321-326.

罗先香, 闫琴, 杨建强, 等. 2010. 黄河口典型湿地土壤氮素的季节动态及转化过程研究. 水土保持学报, 24(6): 88-93.

骆永明. 2016. 中国海岸带可持续发展中的生态环境问题与海岸科学发展. 中国科学院院刊, 31(10): 1133-1142.

吕成功, 陈真. 1993. 渤海表层沉积物地球化学分析. 青岛海洋大学学报, 23(3): 91-98.

孟伟, 翟圣佳, 秦延文, 等. 2006. 渤海湾潮间带 (大沽口) 柱状沉积物中的重金属来源判别. 海洋通报, 25(1): 62-69.

孟宪伟, 杜德文, 陈志华, 等. 2000. 长江、黄河流域泛滥平原细粒沉积物 $^{87}Sr/^{86}Sr$ 空间变异的制约因素. 地球化学, 29(6): 562-569.

孟宪伟, 王永吉, 吕成功. 1997. 冲绳海槽中段沉积地球化学分区及其物源指示意义. 海洋地质与第四纪地质, 17(3): 37-42.

孟翊, 刘苍字. 1996. 长江口区沉积地球化学特征的定量研究. 华东师范大学学报 (自然科学版), 1: 73-84.

宁泽, 韩宗珠, 毕世普, 等. 2018. 浙闽近岸海域表层沉积物稀土元素的物源指示. 海洋地质前沿, 34(8): 34-44.

欧阳凯, 闫玉茹, 项立辉, 等. 2016. 盐城北部潮间带表层沉积物重金属分布特征及污染评价. 海洋环境科学, 35(2): 256-263.

彭晓彤, 周怀阳, 翁焕新, 等. 2003. 珠江口沉积物主元素的组成分布特征及其地化意义. 浙江大学学报 (理学版), 30(6): 697-702.

乔胜英, 杨军华, 鲍征宇, 等. 2004. 邻近城市土壤重金属对九龙江口沉积土壤的影响. 海洋地质动态, 20(12): 9-13.

乔永民, 林长江, 林潮平, 等. 2004. 粤东柘林湾表层沉积物的汞和砷的研究. 热带海洋学报, 23(3): 28-35.

秦延文, 孟伟, 郑丙辉, 等. 2005. 渤海湾水环境氮、磷营养盐分布特点. 海洋学报, 27(2): 172-176.

秦蕴珊. 1985. 关于中国东海陆架沉积模式与第四纪海侵问题. 第四纪研究, 6(1): 27-34.

秦蕴珊, 廖先贵. 1962. 渤海湾海底沉积作用的初步探讨. 海洋与湖沼, 4(3-4): 199-207.

秦蕴珊, 翟世奎, 毛雪瑛, 等. 1987. 冲绳海槽浮岩微量元素的特征及其地质意义. 海洋与湖沼, 18(4): 313-319.

丘耀文, 余克服. 2011. 海南红树林湿地沉积物中重金属的累积. 热带海洋学报, 30(2): 102-108.

盛菊江, 范德江, 杨东方. 2008. 长江口及其邻近海域沉积物重金属分布特征和环境质量评价. 环境科学, 29(9): 2405-2412.

石学法, 刘升发, 乔淑卿, 等. 2015. 中国东部近海沉积物地球化学: 分布特征、控制因素与古气候记录. 矿物岩石地球化学通报, 34: 885-894.

宋金明, 李凤业, 李学刚, 等. 2002. 新的痕量同位素示踪剂在全球变化研究中的应用. 海洋科学进展, 20(3): 90-95.

宋金明, 徐亚岩, 段丽琴. 2014. 渤海湾百年来沉积物 Li/Ba 和 Rb/Sr 协同变化的地球化学特征与环境指示作用. 海洋科学, 38: 79-84.

宋金明, 张默, 李学刚, 等. 2011. 胶州湾滨海湿地中的 Li、Rb、Cs、Sr、Ba 及碱蓬对其的 "重力分馏". 海洋与湖沼, 42: 670-675.

宋永刚, 田金, 吴金浩, 等. 2015. 春季和夏季辽东湾表层沉积物中重金属的分布及来源. 环境科学研究, 28(9): 1407-1415.

孙缨泽, 李湘凌, 周涛发, 等. 2012. 铅同位素示踪技术在土壤重金属污染来源解析中的应用研究进展. 地球科学进展, 27: 411-414.

陶征楷, 毕春娟, 陈振楼, 等. 2014. 滴水湖沉积物中重金属污染特征与评价. 长江流域资源与环境, 23(12): 1717-1720.

汪庆华, 董岩翔, 周国华, 等. 2007. 浙江省土壤地球化学基准值与环境背景值. 生态与农村环境学报, 23(2): 81-88.

汪玉娟, 吕文英, 刘国光, 等. 2009. 沉积物中重金属的形态及生物有效性研究进展. 安全与环境工程, 16(4): 27-30.

王国庆, 石学法, 刘焱光, 等. 2007. 长江口南支沉积物元素地球化学分区与环境指示意义. 海洋科学进展, 25: 408-418.

王金土. 1990. 黄海表层沉积物稀土元素地球化学. 地球化学, 1: 44-53.

王立军, 张朝生, 章申, 等. 1998. 珠江广州江段水体中稀土元素的地球化学特征. 地理学报, 53(5): 453-462.

王鹏, 王军广, 马荣林, 等. 2016. 郝宇海南东寨港红树林表层沉积物元素特征及地球化学意义. 海南师范大学学报 (自然科学版), 29(1): 70-74.

王伟力, 耿安朝, 刘花台, 等. 2009. 九龙江口表层沉积物重金属分布及潜在生态风险评价. 海洋科学进展, 27(4): 502-508.

王文雄. 2012. 水生生物中重金属毒性的预测. 科学通报, 33: 3206.

魏璟叕. 2012. 胶州湾及青岛近海沉积物部分金属元素赋存形态研究. 中国海洋大学硕士学位论文.

吴明清, 文启忠, 潘景瑜, 等. 1991. 黄河中游地区马兰黄土的稀土元素. 科学通报, 36(16): 1380-1385.

夏鹏, 孟宪伟, 印萍, 等. 2008. 广西北海潮间带沉积物中重金属的污染状况及其潜在生态危害. 海洋科学进展, 26(4): 471-477.

夏鹏, 臧家业, 王湘芹. 2011. 连云港近岸海域表层沉积物中重金属的地球化学特征及其源解析.

海洋环境科学, 30(4): 520-524.

肖军好. 2016. 辽河口沉积物地球化学特征与物源分析. 中国地质大学硕士学位论文.

邢孔敏, 陈石泉, 蔡泽富, 等. 2018. 海南东寨港表层沉积物重金属分布特征及污染评价. 海洋科学进展, 36(3): 478-487.

徐兆凯, 李安春, 蒋富清, 等. 2008. 东菲律宾海沉积物的地球化学特征与物质来源. 科学通报, 53: 695-702.

许艳, 王秋璐, 李潇, 等. 2017. 环渤海典型海湾沉积物重金属环境特征与污染评价. 海洋科学进展, 35(3): 428-438.

鄢明才, 迟清华. 1997. 中国东部大陆地壳与岩石的化学组成. 北京: 科学出版社.

严杰, 高建华, 李军, 等. 2013. 鸭绿江河口外海域柱状沉积物稀土元素的分布特征及物源指示. 海洋通报, 32(6): 601-609.

颜彬, 苗莉, 黄蔚霞, 等. 2012. 广东近岸海湾表层沉积物的稀土元素特征及其物源示踪. 热带海洋学报, 31(2): 67-79.

杨俊鹏. 2011. 辽河口潮滩沉积物元素地球化学特征及其环境效应. 中国地质大学博士学位论文.

杨丽原, 沈吉, 张祖陆, 等. 2003. 近四十年来山东南四湖环境演化的元素地球化学记录. 地球化学, 32: 453-460.

杨守业, 李从先. 1999a. 长江与黄河沉积物 REE 地球化学及示踪作用. 地球化学, 28(4): 374-380.

杨守业, 李从先. 1999b. 长江与黄河沉积物元素组成及地质背景. 海洋地质与第四纪地质, 19: 19-26.

杨守业, 李从先, Jung Hoi-Soo, 等. 2003. 黄河沉积物中 REE 制约与示踪意义再认识. 自然科学进展, 13(4): 365-371.

杨守业, 李从先, 张家强. 2000. 苏北滨海平原冰后期古地理演化与沉积物物源研究. 古地理学报, 2(2): 65-72.

杨文光, 谢昕, 郑洪波, 等. 2012. 南海北部陆坡高速堆积体沉积物稀土元素特征及其物源意义. 矿物岩石, 32(1): 74-81.

杨作升. 1988. 黄河、长江、珠江沉积物中粘土的矿物组合、化学特征及其与物源区气候环境的关系. 海洋与湖沼, 19: 336-346.

杨作升, 陈晓辉. 2007. 百年来长江口泥质区高分辨率沉积粒度变化及影响因素探讨. 第四纪研究, 27(5): 690-699.

姚藩照, 张宇峰, 胡忻, 等. 2010. 厦门西海域沉积物中重金属的赋存状态及潜在迁移性. 应用海洋学学报, 29(4): 532-538.

尹翠玲, 张秋丰, 阚文静, 等. 2015. 天津近岸海域营养盐变化特征及富营养化概况分析. 天津科技大学学报, 30(1): 56-61.

尹毅, 林鹏. 1993. 红海榄红树林的氮、磷积累和生物循环. 生态学报, 13(3): 221-227.

余小青, 杨军, 刘乐冕, 等. 2012. 九龙江口滨海湿地生源要素空间分布特征. 环境科学, 33(11): 3739-3747.

岳维忠, 黄小平, 孙翠慈. 2007. 珠江口表层沉积物中氮、磷的形态分布特征及污染评价. 海洋与湖沼, 38(2): 111-117.

张菊, 陈诗越, 邓焕广, 等. 2012. 山东省部分水岸带土壤重金属含量及污染评价. 生态学报, 32(10): 3144-3153.

张军, 袁东星, 陆志强, 等. 2003. 九龙江口红树林区表层沉积物中多环芳烃含量与来源. 厦门大学学报 (自然科学版), 42(4): 499-503.

张珂, 王朝晖, 冯杰, 等. 2011. 胶州湾表层沉积物重金属分布特征及污染评价. 分析测试学报, 30(12): 1406-1411.

张雷, 秦延文, 郑丙辉, 等. 2011. 环渤海典型海域潮间带沉积物中重金属分布特征及污染评价. 环境科学学报, 31(8): 1676-1684.

张丽洁, 王贵, 姚德, 等. 2003. 近海沉积物重金属研究及环境意义. 海洋地质前沿, 19(3): 6-9.

张鹏. 2016. 近 50 年辽河口口门浅滩沉积环境变迁与事件响应. 中国地质大学硕士学位论文.

张瑞, 张帆, 刘付程, 等. 2013. 海州湾潮滩重金属污染的历史记录. 环境科学, 34(3): 1044-1054.

张水浸. 1981. 福建东山及其附近岛屿岩相潮间带海藻生态的初步研究. 生态学报, 1(4): 361-368.

张现荣, 张勇, 叶青, 等. 2012. 辽东湾北部海域沉积物重金属环境质量和污染演化. 海洋地质与第四纪地质, 2: 21-29.

张晓波, 张勇, 孔祥淮, 等. 2014. 山东半岛南部近岸海域表层沉积物稀土元素的物源指示. 海洋地质与第四纪地质, 3: 57-66.

张训华, 孟祥军, 许红, 等. 2008. 中国海域构造地质学. 北京: 海洋出版社.

张艳楠, 李艳丽, 王磊, 等. 2012. 崇明东滩不同演替阶段湿地土壤有机碳汇聚能力的差异性及其微生物机制. 农业环境科学学报, 31(3): 631-637.

张远辉, 杜俊民. 2005. 南海表层沉积物中主要污染物的环境背景值. 海洋学报, 27(4): 161-166.

赵焕庭. 1990. 珠江河口演变. 北京: 海洋出版社.

赵一阳. 1980. 中国渤海沉积物中铀的地球化学. 地球化学, 1: 101-105.

赵一阳. 1983. 中国海大陆架沉积物地球化学的若干模式. 地质科学, (4): 307-314.

赵一阳, 何丽娟, 张秀莲, 等. 1984. 冲绳海槽沉积物地球化学的基本特征. 海洋与湖沼, 15: 371-379.

赵一阳, 王金土, 秦朝阳, 等. 1990. 中国大陆架海底沉积物中的稀土元素. 沉积学报, 8(1): 37-43.

赵一阳, 鄢明才. 1992. 黄河、长江、中国浅海沉积物化学元素丰度比较. 科学通报, 37(13): 1202.

赵一阳, 鄢明才. 1993. 中国浅海沉积物化学元素丰度. 中国科学化学: 中国科学, 23(10): 1084-1090.

赵一阳, 鄢明才. 1994. 中国浅海沉积物地球化学. 北京: 科学出版社.

赵一阳, 鄢明才, 李安春, 等. 2002. 中国近海沿岸泥的地球化学特征及其指示意义. 中国地质, 29: 181-185.

郑世雯, 范德江, 刘明, 等. 2017. 渤海中部现代黄河沉积物影响范围的稀土元素证据. 中国海洋大学学报: 自然科学版, 47(6): 95-103.

仲崇庆, 王进欣, 邢伟, 等. 2010. 不同植被和水文条件下苏北盐沼土壤 TN、TP 和 OM 剖面特征. 北京林业大学学报, 32(3): 186-190.

周福根. 1983. 滦河口区沉积物中元素的分布和环境的关系. 海洋通报, 2(2): 60-70.

周国华, 孙彬彬, 刘占元, 等. 2012. 中国东部主要河流稀土元素地球化学特征. 现代地质, 26(5): 1028-1042.

周永芝, 刘娟. 1991. 莱州湾、渤海湾及渤海中央盆地沉积物岩芯地球化学的初步研究. 海洋科学进展, 2: 54-59.

Atkinson C A, Jolley D F, Simpson S L. 2007. Effect of overlying water pH, dissolved oxygen, salinity and sediment disturbances on metal release and sequestration from metal contaminated marine sediments. Chemosphere, 69(9): 1428-1437.

Audry S, Schäfer J, Blanc G, et al. 2004. Anthropogenic components of heavy metal (Cd, Zn, Cu, Pb) budgets in the Lot-Garonne fluvial system (France). Applied Geochemistry, 19(5): 769-786.

Babek O, Grygar T M, Famera M, et al. 2015. Geochemical background in polluted river sediments: How to separate the effects of sediment provenance and grain size with statistical rigour? Catena, 135: 240-253.

Balachandran K K, Lalu Raj C M, Nair M, et al. 2005. Heavy metal accumulation in a flow restricted, tropical estuary. Estuarine, Coastal and Shelf Science, 65(1-2): 361-370.

Balsam W L, Beeson J P. 2003. Sea-floor sediment distribution in the Gulf of Mexico. Deep Sea Research Part Ⅰ: Oceanographic Research Papers, 50: 1421-1444.

Bi S P, Yang Y, Xu C F, et al. 2017. Distribution of heavy metals and environmental assessment of surface sediment of typical estuaries in eastern China. Marine Pollution Bulletin, 121: 357-366.

Billerbeck M, Wener U, Bosselmann K, et al. 2006. Nutrient release from an exposed intertidal sand flat. Marine Ecology Progress Series, 316: 35-51.

Bing H J, Wu Y H, Naha W H, et al. 2013. Accumulation of heavy metals in the lacustrine sediment of Longgan Lake, middle reaches of Yangtze River, China. Environmental Earth Sciences, 69(8): 2679-2689.

Bird G. 2011. Provenancing anthropogenic Pb within the fluvial environment: Developments and challenges in the use of Pb isotopes. Environment International, 37(4): 802-819.

Boutron C F, Gorlach U, Candelone J P, et al. 1991. Decrease in anthropogenic lead, cadmium and zinc in Greenland snows since the late 1960s. Nature, 353: 153-156.

Boynton W V. 1984. Cosmochemistry of the rare earth elements: meteorite studies//Henderson P. Rare Earth Element Geochemistry. Amsterdam: Elsevier: 63-114.

Bradford M E, Peters R H. 1987. The relationship between chemically analysed phosphorus fractions and bioavailable phosphorus. Limnology and Oceanography, 32(5): 1124-1137.

Bridgham S D, Megonigal J P, Keller J K, et al. 2006. The carbon balance of North American wetlands. Wetlands, 26: 889-916.

Caçador I C, Vale C, Catarino F. 1996. Accumulation of Zn, Pb, Cu, Cr and Ni in sediments between roots of the Tagus Estuary salt marshes, Portugal. Estuarine Coastal & Shelf Science, 42(3): 393-403.

Calmano W, Hong J, Forstner U. 1993. Binding and mobilization of heavy metals in contaminated sediments affected by pH and redox potential. Water Science and Technology, 28: 223-235.

Cao L L, Wang P, Tian H T, et al. 2013. Distribution and ecological evaluation of heavy metals in multi-mediums of Dongzhai Harbor. Marine Science Bulletin, 32: 403-407.

Cao W, Hong H, Yue S. 2005. Modelling agricultural nitrogen contributions to the Jiulong River estuary and coastal water. Global & Planetary Change, 47: 111-121.

Cao W, Hong H, Yue S, et al. 2003. Nutrient loss from an agricultural catchment and soil landscape modelling in southeast China. Bulletin of Environmental Contamination & Toxicology, 71(4): 761-767.

Cao W, Zhu H, Chen S. 2007. Impacts of urbanization on topsoil nutrient balances-a case study at a provincial scale from Fujian, China. Catena, 69: 36-43.

CCME. 1995. Protocol for the derivation of Canadian sediment quality guidelines for the protection of aquatic life. EPC-98E.

CEPA (Chinese Environmental Protection Administration). 1990. Elemental background values of soils in China. Beijing: Environmental Science Press of China.

Chen B, Liu J, Fan D J, et al. 2016. Study of heavy metals in bottom of the east China Seas: A review of current status. Marine Geology & Quaternary Geology, (1): 43-56.

Cheng H, Hu Y. 2010. Lead (Pb) isotopic fingerprinting and its applications in lead pollution studies in China: A review. Environmental Pollution, 158(5): 1134-1146.

Chmura G L, Anisfeld S C, Cahoon D R, et al. 2003. Global carbon sequestration in tidal, saline wetland soils. Global Biogeochemical Cycles, 17(4): 1111.

Choi M S, Yi H I, Yang S Y, et al. 2007. Identification of Pb sources in Yellow Sea sediments using stable Pb isotope ratios. Marine Chemistry, 107(2): 255-274.

Cicin-Sain B, Knecht R W. 1998. Integrated coastal and ocean management: Concepts and practices. Washington D. C.: Island Press.

Coelho J P, Flindt M R, Jensen H S, et al. 2004. Phosphorus speciation and availability in intertidal sediments of a temperate estuary: Relation to eutrophication and annual P-fluxes. Estuarine Coastal and Shelf Science, 61(4): 583-590.

Covelli S, Fontolan G. 1997. Application of a normalization procedure in determining regional geochemical baselines. Environmental Geology, 30(1/2): 34-45.

Craft C B. 2007. Freshwater input structures soil properties, vertical accretion, and nutrient accumulation of Georgia and U.S. tidal marshes. Limnology and Oceanography, 52: 1220-1230.

Cullers R L, Barrett T, Carlson R, et al. 1987. Rare-earth element and mineralogic changes in Holocene soil and stream sediment: A case study in the Wet Mountains, Colorado, U.S.A. Chemical Geology, 63(3): 275-297.

Cullers R L, Basu A, Suttner L J. 1988. Geochemical signature of provenance in sand-size material in soils and stream sediments near the Tobacco Root batholith, Montana, U.S.A. Chemical Geology, 70(4): 335-348.

Dagg M, Benner R, Lohrenz S, et al. 2004. Transformation of dissolved and particulate materials on continental shelves influenced by large rivers: Plume processes. Continental Shelf Research, 24(7): 833-858.

Delaney M L, Linn L J, Druffel E R M. 1993. Seasonal cycles of manganese and cadmium in coral from the Galapagos Islands. Geochimica et Cosmochimica Acta, 57: 347-354.

Didyk B M, Simoneit B, Brassell S C, et al. 1978. Organic geochemical indicators of palaeoenvironmental conditions of sedimentation. Nature, 272(5650): 216-222.

Edmond J M, Spivack A, Grant B C, et al. 1985. Chemical dynamics of the Changjiang Estuary. Continental Shelf Research, 4: 17-36.

Emmerson R, O'Reilly-Wiese S B, Macleod C L, et al. 1997. A multivariate assessment of metal distribution in inter-tidal sediments of the Blackwater Estuary, UK. Marine Pollution Bulletin, 34(11): 960-968.

Entwisle B, Henderson G E, Short S, et al. 1995. Gender and family businesses in rural China. American Sociological Review, 60: 36-57.

Fang H, Huang L, Wang J, et al. 2016. Environmental assessment of heavy metal transport and transformation in the Hangzhou Bay, China. Journal of Hazardous Materials, 302(17): 447-457.

Folk R L, Ward W C. 1957. Brazos River bar: A study in the significance of grain size parameters. Journal of Sedimentary Petrology, 27: 3-26.

Fox T R, Comerford N B, Mcfee W W, et al. 1990. Phosphorus and aluminum release from a spodic horizon mediated by organic acids. Soil Science Society of America Journal, 54(6): 1763-1767.

Fukue M, Yanai M, Sato Y, et al. 2006. Background values for evaluation of heavy metal contamination in sediments. Journal of Hazardous Materials, 136(1): 111-119.

Gao S, Liang J D, Teng T T, et al. 2019. Petroleum contamination evaluation and bacterial community distribution in a historic oilfield located in loess plateau in China. Applied Soil Ecology, 136: 30-42.

Gao X, Chen C T A. 2012. Heavy metal pollution status in surface sediments of the coastal Bohai Bay. Water Research, 46(6): 1901-1911.

Gao X, Zhou F, Lui H K, et al. 2016. Trace metals in surface sediments of the Taiwan Strait: geochemical characteristics and environmental indication. Environmental Science & Pollution Research, 23(11): 10494-10503.

Garcia C A B, Barreto M S, Passosa E A, et al. 2009. Regional geochemical baseline and controlling factors for trace metals in sediments from the Poxin River, Northeast Brazil. Journal of Brazilian Chemical Society, 20(7): 1334-1342.

Gibbs R J. 1994. Metals in the sediments along the Hudson River Estuary. Environment International, 20(4): 507-516.

Gobeil C, Macdonald R W, Sundby B. 1998. Diagenetic separation of cadmium and manganese in suboxic Continental margin sediments. Geochimica et Cosmochimica Acta, 61(21): 4647-4654.

Goldberg I S, Abramson G J, Haslam C O, et al. 1997. Geoelectrical exploration: Principles, practise and performance. Ballarat: AusIMM 1997 Annual Conference (AUSIMM).

Gromet L P, Dymek R F, Haskin L A, et al. 1984. The "North American shale composite": Its compilation, major and trace element characteristics. Geochimica et Cosmochimica Acta, 48(12): 2469-2482.

Hao Y C, Guo Z G, Yang Z S, et al. 2008. Tracking historical lead pollution in the coastal area adjacent to the Yangtze River Estuary using lead isotopic compositions. Environmental Pollution, 156: 1325-1331.

Hesse P R. 1962. Phosphorus fixation in mangrove swamp muds. Nature, 193(4812): 295-296.

Ip C C M, Li X D, Zhang G, et al. 2004. Over one hundred years of trace metal fluxes in the sediments of the Pearl River Estuary, South China. Environmental Pollution, 132(1): 157-172.

Jiang Y, Kirkman H, Hua A. 2001. Megacity development: Managing impacts on marine environments. Ocean Coast Manage, 44: 293-318.

Katahira K, Ishitake M, Moriwaki H, et al. 2007. Method for the estimation of the past illegal dumping recorded in a sediment core. Water Air and Soil Pollution, 179(1-4): 197-206.

Konhauser K O, Powell M A, Fyfe W S, et al. 1997. Trace element geochemistry of river sediment, Orissa State, India. Journal of Hydrology, 193(1-4): 258-269.

Li F P, Mao L C, Jia Y B, et al. 2018. Distribution and risk assessment of trace metals in sediments from Yangtze River Estuary and Hangzhou Bay, China. Environmental Science and Pollution Research, 25: 855-866.

Li R, Hua P, Zhang J, et al. 2019. A decline in the concentration of PAHs in Elbe River suspended sediments in response to a source change. Science of the Total Environment, 663: 438-446.

Li X Y, Liu L J, Wang Y G, et al. 2012. Integrated assessment of heavy metal contamination in sediments from a coastal industrial basin, NE China. Plos One, 7(6): e39690.

Li Y H, Teraoka H, Yang T S, et al. 1984. The elemental composition of suspended particles from the Yellow and Yangtze Rivers. Geochimica et Cosmochimica Acta, 48: 1561-1564.

Lin C Y, Wang J, Liu S Q, et al. 2013. Geochemical baseline and distribution of cobalt, manganese, and vanadium in the Liao River Watershed sediments of China. Geosciences Journal, 17(4): 455-464.

Lin Y C, Meng F P, Du Y X, et al. 2016. Distribution, speciation, and ecological risk assessment of heavy metals in surface sediments of Jiaozhou Bay, China. Human and Ecological Risk Assessment, 22(5): 1253-1267.

Liu L, Bai L, Man C, et al. 2015. DDT vertical migration and formation of accumulation layer in pesticide-producing sites. Environmental Science & Technology, 49(15): 9084-9091.

Liu M, Fan D, Liao Y, et al. 2016. Heavy metals in surficial sediments of the central Bohai Sea: Their distribution, speciation and sources. Acta Oceanologica Sinica, 35(9): 98-110.

Liu M X, Yang Y Y, Yun X Y, et al. 2013. Distribution and risk analysis of heavy metals and as in the surface sediment of Tianjin offshore area. Marine Sciences, 37(9): 82-89.

Liu S, Shi X, LiuY, et al. 2011. Concentration distribution and assessment of heavy metals in sediments of mud area from inner continental shelf of the East China Sea. Environmental Earth Sciences, 64(2): 567-579.

Liu X, Li D, Song G. 2017. Assessment of heavy metal levels in surface sediments of estuaries and adjacent coastal areas in China. Frontiers of Earth Science, 11(1): 1-10.

Long E R, Field L J, MacDonald D D. 1998. Predicting toxicity in marine sediments with numerical sediment quality guidelines. Environmental Toxicology and Chemistry, 17(4): 714-727.

Macdonald D D, Carr R S, Calder F D, et al. 1996. Development and evaluation of sediment quality guidelines for Florida coastal waters. Ecotoxicology, 5(4): 253-278.

Mackenzie F T, Ver L M, Sabine C L, et al. 1993. C, N, P, S global biogeochemical cycles and modelling of global change//Wollast R, Mackenzie F T, Chou L. Interactions of C, N, P and S Biogeochemical Cycles and Global Change. Berlin: Springer-Verlag: 1-61.

McKee B A, Aller R C, Allison M A, et al. 2004. Transport and transformation of dissolved and particulate materials on continental margins influenced by major rivers: Benthic boundary layer and seabed processes. Continental Shelf Research, 24(7): 899-926.

McManus J, Berelson W M, Klinkhammer G P, et al. 1998. Geochemistry of barium in marine sediments: Implications for its use as a paleo-proxy. Geochimica et Cosmochimica Acta, 62(21-22): 3453-3473.

Mecray E L, Buchholtz ten Brink M R. 2000. Contaminant distribution and accumulation in the surface sediments of Long Island Sound. Journal of Coastal Research, 16: 575-590.

Meng J, Hong S, Wang T, et al. 2017. Traditional and new POPs in environments along the Bohai and Yellow Seas: An overview of China and South Korea. Chemosphere, 169: 503-515.

Middelburg J J, Herman P M J. 2007. Organic matter processing in tidal estuaries. Marine Chemistry, 106(1): 127-147.

Milliman J D, Qin Y S, Ren M E, et al. 1987. Man's influence on the erosion and transport of sediment by Asian rivers: The Yellow River (Huanghe) example. The Journal of Geology, 95(6): 751-762.

Milly P C D, Dunnel K A, Vecchia A V. 2005. Global pattern of trends in stream flow and water availability in a changing climate. Nature, 438(17): 347-350.

Mitsch W J, Gosselink J G. 2007. Wetlands (4th ed.). New York: John Wiley & Sons.

Morelli G, Gasparson M, Fierro D, et al. 2012. Historical trends in trace metal and sediment accumulation in intertidal sediment of Moreton Bay, southeast Queensland, Australia. Chemical Geology, 300-301(2): 152-164.

Morton B, Morton J. 1983. The Seashore Ecology of Hong Kong. Hong Kong: Hong Kong University Press.

Murray R W, Brink M, Brumsack H J, et al. 1991. Rare earth elements in Japan Sea sediments and diagenetic behavior of Ce/Ce*: Results from ODP Leg 127. Geochimica et Cosmochimica Acta, 55(9): 2453-2466.

Müller G. 1971. Schwermetalle in den sedimenten des Rheins-Veränderungen seit. Umschau, 24: 778-783.

Na C K, Park H J. 2012. Distribution of heavy metals in tidal flat sediments and their bioaccumulation in the crab *Macrophthalmus japonicas*, in the coastal areas of Korea. Geosciences Journal, 16(2): 153-164.

Natalia J T, Carmen M C, Judit K M, et al. 2007. Determining sediment quality for regulatory proposes using fish chronic bioassays. Environment International, 33: 474-480.

Nesbitt H W, Markovics G. 1997. Weathering of granodioritic crust, long-term storage of elements in weathering profiles, and petrogenesis of siliciclastic sediments. Geochimica et Cosmochimica Acta, 61: 1653-1670.

Nesbitt H W, Young G M. 2010. Petrogenesis of sediments in the absence of chemical weathering: Effects of abrasion and sorting on bulk composition and mineralogy. Sedimentology, 43: 341-358.

Nilsson C, Reidy C A, Dynesius M, et al. 2005. Fragmentation and flow regulation of the world's large river systems. Science, 308: 405-408.

Norman M D, De Deckker P. 1990. Trace metals in lacustrine and marine sediments: A case study from the Gulf of Carpentaria, Northern Australia. Chemical Geology, 82: 299-318.

Nriagu J O. 1998. Tales told in lead. Science, 281: 1622-1623.

Osher L J, Leclerc L, Wiersma G B, et al. 2006. Heavy metal contamination from historic mining in upland soil and estuarine sediments of Egypt Bay, Maine, USA. Estuarine, Coastal and Shelf Science, 70(1-2): 169-179.

Pan K, Wang W X. 2012. Trace metal contamination in estuarine and coastal environments in China. Science of the Total Environment, 421-422(3): 3-16.

Pedrerons R, Howa H L, Michel C. 1996. Application of grain size trend analysis for the determination of sediment transport pathways in intertidal area. Marine Geology, 135: 35-39.

Popkin B. 1999. Urbanization, lifestyle changes and the nutrition transition. World Development, 27: 1905-1916.

Pourmand A, Dauphas N, Ireland T J. 2012. A novel extraction chromatography and MC-ICP-MS technique for rapid analysis of REE, Sc and Y: Revising CI-chondrite and Post-Archean Australian Shale (PAAS) abundances. Chemical Geology, 291: 38-54.

René P S, Beate I E, Kathrin F, et al. 2006. The challenge of micropollutants in aquatic systems. Science, 313: 1072-1077.

Rocha C. 1998. Rhythmic ammonium regeneration and flushing in intertidal sediments of the Sado Estuary. Limnology and Oceanography, 43(5): 823-831.

Rollinson H R. 1993. Using Geochemical Data: Evaluation, Presentation, and Interpretation. Longman Scientific and Technical, Singapore, 352.

Roussiez V, Ludwig W, Probst J L, et al. 2005. Background levels of heavy metals in surficial sediments of the Gulf of Lions (NW Mediterranean): An approach based on ^{133}Cs normalization and lead isotope measurements. Environmental Pollution, 138(1): 167-177.

Ruttenberg K C. 2014. The Global phosphorus cycle//Holland H D, Turekian K K. Treatise on Geochemistry (Second Edition). Oxford: Elsevier: 499-558.

Shakeri A, Shakeri R, Mehrabi B. 2016. Contamination, toxicity and risk assessment of heavy metals and metalloids in sediments of Shahid Rajaie Dam, Sefidrood and Shirinrood Rivers, Iran. Environmental Earth Sciences, 75(8): 679.

Shen Z L, Liu Q, Zhang S, et al. 2003. A nitrogen budget of the Changjiang River catchment. Ambio, 32: 65-69.

Shotyk W, Weiss D, Appleby P G, et al. 1998. History of atmospheric lead deposition since 12,370 ^{14}C yr BP from a peat bog, Jura Mountains, Switzerland. Science, 281(5383): 1635-1640.

Simpson S L, Apte S C, Davies C M. 2005. Bacterially assisted oxidation of copper sulfide minerals in tropical river waters. Environmental Chemistry, 2(1): 49-55.

Singh K P, Malik A, Sinha S, et al. 2005. Estimation of source of heavy metal contamination in sediments of Gomti River (India) using principal component analysis. Water Air & Soil Pollution, 166: 321-341.

Stephenson T A, Stephenson A. 1949. The universal features of zonation between tide marks on rocky coasts. The Journal of Ecology, 37: 289-305.

Sun Q, Liu T, Di B, et al. 2012. Temporal and spatial distribution of trace metals in sediments from the northern Yellow Sea coast, China: Implications for regional anthropogenic processes. Environmental Earth Sciences, 66(3): 697-705.

Sun Y, Feng W, Clemens S C, et al. 2008. Processes controlling the geochemical composition of the South China Sea sediments during the last climatic cycle. Chemical Geology, 257: 240-246.

Sutherland R A. 2000. Bed sediment-associated trace metals in an urban stream, Oahu, Hawaii. Environmental Geology, 39: 611-627.

Taylor S R, McLennan S M. 1995. The geochemical evolution of the continental crust. Review of Geophysics, 33: 241-265.

Teng Y G, Ni S J, Wang J S, et al. 2009. Geochemical baseline of trace elements in the sediment in Dexing area, South China. Environmental Geology, 57(7): 1649-1660.

Thornton D C, Underwood G J, Nedwelld D B. 1999. Effect of illumination and emersion period on the exchange of ammonium across the estuarine sediment-water interface. Marine Ecology Progress Series, 184: 11-20.

Tobiszewski M, Namiesnik J. 2012. PAH diagnostic ratios for the identification of pollution emission sources. Environmental Pollution, 162: 110-119.

Vaillant L. 1891. Nouvelles etudes sur les zones littorals. Annual Science Zoology, 7(12): 39-51.

Vazquez P, Holguin G, Puente M E, et al. 2000. Phosphate-solubilizing microorganisms associated with the rhizosphere of mangroves in a semiarid coastal lagoon. Biology and Fertility of Soils, 30(5-6): 460-468.

Viers J, Dupré B, Gaillardet J. 2009. Chemical composition of suspended sediments in world rivers: New insights from a new database. Science of the Total Environment, 407(2): 853-868.

Wan D J, Song L, Yang J S, et al. 2016. Increasing heavy metals in the background atmosphere of central North China since the 1980s: Evidence from a 200-year lake sediment record. Atmospheric Environment, 138: 183-190.

Wang H L, Zhou Y M, Zhuang Y H, et al. 2009. Characterization of $PM_{2.5}/PM_{2.5-10}$ and source tracking in the juncture belt between urban and rural areas of Beijng. Chinese Science Bulletin, 54(14): 2506-2515.

Wang L M, Li G X, Gao F, et al. 2014. Sediment records of environmental changes in the south end of the Zhejiang-Fujian coastal mud area during the past 100 years. Chinese Journal of Oceanology and Limnology, 32(4): 899-908.

Wang Y. 1992. Coastal management in China//Fabbri P. Ocean Coastal Management in Global Change. London: Elsevier Applied Science.

Wang Y, Zhang S, Cui W, et al. 2018. Polycyclic aromatic hydrocarbons and organochlorine pesticides in surface water from the Yongding River basin, China: Seasonal distribution, source apportionment, and potential risk assessment. Science of the Total Environment, 618: 419-429.

Weston N B, Porubsky W P, Samarkin V A, et al. 2006. Porewater stoichiometry of terminal metabolic products, sulfate, and dissolved organic carbon and nitrogen in estuarine intertidal creek-bank sediments. Biogeochemistry, 77(3): 375-408.

Wood A, Ahmad Z, Shazili N A, et al. 1997. Geochemistry of sediments in Johor Strait between Malaysia and Singapore. Continental Shelf Research, 17(10): 1207-1228.

Xia P, Meng X W, Feng A P, et al. 2012. Geochemical characteristics of heavy metals in coastal sediments from the northern Beibu Gulf (SW China): Background levels and recent contamination. Environmental Earth Sciences, 66(5): 1337-1344.

Xia P, Meng X W, Feng A P, et al. 2015. Mangrove development and its response to environmental change in Yingluo Bay (SW China) during the last 150 years: Stable carbon isotopes and mangrove pollen. Organic Geochemistry, 85: 32-41.

Xia P, Meng X W, Yin P, et al. 2011. Eighty-year sedimentary record of heavy metal inputs in the intertidal sediments from the Nanliu River estuary Beibu Gulf of South. China Sea Environmental Pollution, 159: 92-99.

Xu B, Yang X B, Gu Z Y, et al. 2009a. The trend and extent of heavy metal accumulation over last one hundred years in the Liaodong Bay, China. Chemosphere, 75: 442-446.

Xu G, Liu J, Pei S, et al. 2015. Sediment properties and trace metal pollution assessment in surface sediments of the Laizhou Bay, China. Environmental Science & Pollution Research, 22(15): 11634-11647.

Xu S Y, Tao J, Chen Z L, et al. 1997. Dynamic accumulation of heavy metals in tidal flat sediments of Shanghai. Oceanologia et Limnologia Sinica, 28: 509-515.

Xu Z, Lim D, Choi J, et al. 2009b. Rare earth elements in bottom sediments of major rivers around the Yellow Sea: Implications for sediment provenance. Geo-Marine Letters, 29(5): 291-300.

Yan S, Wang D, Teng M, et al. 2018. Perinatal exposure to low-dose decabromodiphenyl ethane increased the risk of obesity in male mice offspring. Environment Pollution, 243: 553-562.

Yang D, Guo J, Zhang Y, et al. 2011. Pb distribution and sources in Jiaozhou Bay, East China. Journal of Water Resource & Protection, 3(1): 41-49.

Yang M L, Tong X B, Wu C Y, et al. 2008. The geochemical characteristics of heavy metal elements in sediments of Hunhe drainage area in Liaoning Province. Rock and Mineral Analysis, 27(3): 184-188.

Yu H. 1994. China's coastal ocean uses: conflicts and impacts. Ocean Coast Manage, 25(3): 161-178.

Yuan D, Yang D, Wade T L, et al. 2001. Status of persistent organic pollutants in the sediment from several estuaries in China. Environment Pollution, 114: 101-111.

Yuan H, Song J, Li X, et al. 2012. Distribution and contamination of heavy metals in surface sediments of the South Yellow Sea. Marine Pollution Bulletin, 64(10): 2151-2159.

Zhang J. 1996. Nutrient element in large Chinese estuaries. Continental Shelf Research, 16: 1023-1045.

Zhang J, Huang W W, Liu S M, et al. 1992. Transport of particulate heavy metals towards the China sea: A preliminary study and comparision. Marine Chemistry, 40: 161-178.

Zhang K, Gao H W. 2007. The characteristics of Asian-dust storms during 2000-2002: From the source to the sea. Atmospheric Environment, 41(39): 9136-9145.

Zhang K M, Wen Z G. 2008. Review and challenges of policies of environmental protection and sustainable development in China. Journal of Environmental Management, 88(4): 1249-1261.

Zhang L, Ye X, Feng H, et al. 2007. Heavy metal contamination in western Xiamen Bay sediments and its vicinity, China. Marine Pollution Bulletin, 54(7): 974-982.

Zhang R, Zhang F, Ding Y, et al. 2013. Historical trends in the anthropogenic heavy metal levels in the tidal flat sediments of Lianyungang, China. Journal of Environmental Sciences, 25(7): 1458-1468.

Zhang W G, Feng H, Chang J N, et al. 2009. Heavy metal contamination in surface sediments of Yangtze River intertidal zone: An assessment from different indexes. Environmental Pollution, 157(5): 1533-1543.

Zhao G, Ye S, Yuan H, et al. 2016. Distribution and contamination of heavy metals in surface sediments of the Daya Bay and adjacent shelf, China. Marine Pollution Bulletin, 112(1-2): 420-426.

Zhao Y Y, Yan M C. 1993. Geochemical record of the climate effect in sediments of the China Shelf Sea. Chemical Geology, 107: 267-269.

Zhou J, Wu Y, Kang Q, et al. 2007. Spatial variations of carbon, nitrogen, phosphorous and sulfur in the salt marsh sediments of the Yangtze Estuary in China. Estuarine Coastal and Shelf Science, 71(1): 47-59.

Zhou M, Zhu M. 2006. Progress of the project "Ecology and oceanography of harmful algal blooms in China". Advances in Earth Science, 21(7): 673-679.

Zhuang W, Gao X. 2015. Distributions, sources and ecological risk assessment of arsenic and mercury in the surface sediments of the southwestern coastal Laizhou Bay, Bohai Sea. Marine Pollution Bulletin, 99: 320-327.